女孩全书

女孩优秀全书

[英] 萨利 · 诺顿 著
王怡康 译

NÜHAI
YOUXIU QUANSHU

U0827298

GUANGXI NORMAL UNIVERSITY PRESS
广西师范大学出版社
· 桂林 ·

出版统筹：施东毅
品牌总监：耿　磊
选题策划：陈显英
责任编辑：李茂军
助理编辑：刘丹亭　王芝楠
美术编辑：卜翠红
营销编辑：杜文心　钟小文
版权联络：郭晓晨
责任技编：李春林
THE GIRLS' BOOK 2: HOW TO BE THE BEST AT EVERYTHING AGAIN
By SALLY NORTON
Copyright © Buster Books 2008
This edition arranged with MICHAEL O'MARA BOOKS LIMITED through Big Apple Agency, Inc., Labuan, Malaysia.
Simplified Chinese edition copyright:2016 Guangxi Normal University Press Group Co., Ltd.
All rights reserved.
著作权合同登记号桂图登字：20-2016-223 号

图书在版编目（CIP）数据

女孩优秀全书 /（英）萨利·诺顿著；王怡康译．—2 版．—桂林：广西师范大学出版社，2017.10（2018.11 重印）
（女孩全书）
书名原文: THE GIRLS' BOOK 2: How to be the Best at Everything Again
ISBN 978-7-5598-0236-1

Ⅰ．①女…　Ⅱ．①萨…②王…　Ⅲ．①女性－生活－知识－少儿读物　Ⅳ．①Z228.4

中国版本图书馆 CIP 数据核字（2017）第 216268 号

广西师范大学出版社出版发行
（广西桂林市五里店路 9 号　邮政编码：541004
网址：http://www.bbtpress.com）
出版人：张艺兵
全国新华书店经销
保定市中画美凯印刷有限公司印刷
（河北省保定市西三环 1566 号　邮政编码：071000）
开本：880 mm × 1 240 mm　1/32
印张：4.25　　字数：87 千字
2017 年 10 月第 2 版　　2018 年 11 月第 3 次印刷
定价：25.00 元
如发现印装质量问题，影响阅读，请与出版社发行部门联系调换。

读者须知

本书的出版商和作者对于因参照本书中提供的信息而可能引起的事故或伤害不负任何责任。

要做到尽善尽美，你需要始终运用自己的常识，尤其当涉及高温或尖锐的物体时，要遵循负责任的成年人提供的安全预防措施和建议。总是要佩戴恰当的安全装备，在当地法律和法规的允许下行事。还有，要多为他人考虑。

CONTENTS

目 录

如何成为最棒的啦啦队队长

富有经验的啦啦队队长会呈现出令人惊叹的演出，包括横翻筋斗、前手翻筋斗和动作复杂的跳跃。如果你能掌握这里描述的七项基本的啦啦队动作，你就可以将它们整合起来，形成一套啦啦队的精彩表演组合。

在练习这些动作时，可以听一些有节奏感、强劲、粗犷的爵士乐。

双手举高呈V字形。将双手呈V字形伸展，举过头顶。与此同时，双脚各向两边跳跃。数到3，然后摇晃你手中的啦啦球。接着，将你的双臂垂放在身体两侧。

摆成L形动作。双脚跳跃并拢。将左臂垂直举过头顶，将手臂伸向另一侧，让你的手臂呈现出一个L形。坚持3秒，然后晃动你的啦啦球。接着将你的动作反转，将你的右臂伸向空中，将左臂伸向一侧，然后晃动啦啦球。最后再将你的双臂垂放在身体两侧。

摆成K形动作。将你的双脚并拢，将你的左臂抬高呈V字形，伸向斜上方。将右臂横放在身体之前，让它和左臀保持水平。坚持3秒，然后晃动你手中的啦啦球。现在，将你的动作反转，将你的右臂伸向空中，将右臂横放在身体之前。

拎水桶的动作。双脚跳跃，向两侧分开。将手臂笔直向前伸展，拳头朝下，仿佛你每只手里都拎着一只水桶一般。坚持3

秒，接着晃动你手中的啦啦球。

剥香蕉的动作。双脚跳跃并拢。身体向后弯曲，将你的手臂向后上方伸展。坚持3秒，再晃动你手中的啦啦球。直起身子，将手臂垂落在身体两侧。

击掌的动作。双脚跳跃，向两侧分开。将双臂伸直，举过头顶，掌心相对。坚持这个动作，数到3（当她们的足球队进球时，啦啦队队长在足球赛中就会用到这个动作）。

单膝跪地的动作。如下图所示，将你的右膝向前弯曲，左膝置于地面上，这是比赛结束后的结尾动作。将你的双臂高举过头顶，呈V字形。当你高唱着你最喜爱的歌曲时，最后一次晃动你手中的啦啦球。

你做得真棒，真是一场精彩的表演啊！

团队合作时间

带领啦啦队是一项团队合作，因此，将一群朋友聚集起来吧，让他们一个接一个地练习完成所有的基础动作。按照前两页的动作顺序所示进行练习。

让一个人在练习全程中数1、2、3、4，1、2、3、4，以确保所有人的动作都能保持一致。

穿着得体

你的啦啦队看起来应该像一个团队。因此，你的服装颜色和搭配要和其他队员保持一致，这一点十分重要。将你学校的运动裙或运动短裤，和你选择的特定颜色的T恤衫搭配在一起，这是个不错的选择。让每个人将她们的头发放到后面，扎成高高的马尾辫，确保将发尾用发带系起来，发带的颜色要和你带领的啦啦队的队服颜色保持一致。记住，即使你的队伍输了比赛，也要绽放出一个大大的微笑噢。

添加啦啦队歌

试试下面这首啦啦队歌吧，但你可以随意编造你自己制作的歌词。

2、4、6、8。 我们是谁呀?

我们就是啦啦队的女生啦!

我们的队伍一定赢，你们的队伍输到停。

啦啦球举高，啦啦球放倒，我们都知道，我们的球队最好。

我们最棒，其他队伍都没我们强。

如何自己制作啦啦球

啦啦队队长每只手里都要拿着一只啦啦球——啦啦球是系在一个手柄上的、由塑料条制成的、毛茸茸的小球。你可以在玩具店里买到啦啦球，但如果你用超市里的可回收塑料袋亲手制作啦啦球的话，会增添更多的乐趣噢。

你需要用到以下物品：

- 制作 1 个啦啦球需要 6 个或 10 个袋子（这取决于你想要制作多大尺寸的啦啦球）——试着将袋子的颜色和你的啦啦队的服装颜色保持一致吧。
- 1 把尺子、1 把剪刀、1 支签字笔。

你需要做的事情

1 将每个袋子放在地面上压平。用尺子和签字笔在袋子底部上方画一条 30 厘米的线，让它与地面保持平行。

2 沿着线将袋子剪开，沿着手柄将袋子上方的部分除去。

3 从敞开口的一端开始着手，将袋子剪到约 20 厘米的深度，在距离袋子底部 10 厘米处停下来。沿着整个袋子的宽度重复这个动作，形成约 2 厘米宽的塑料条。

4 在你处理所有袋子时，都要重复这个过程。

5 将准备好的袋子收集起来，用手握住没有剪裁的袋子底部。要为你的啦啦球制作一个手柄，你需要将袋子底部揉捏到一起，用一长条胶带或使用一个结实的橡皮筋将袋子底部包裹住。最后，将你制作好的啦啦球放在手中摩擦一番，将它们抖松就可以啦。

如何用雪制作冰激凌

将堆雪人的想法抛到一边去吧。当一片洁白的雪花缓缓降落时，这只意味着一件事——可以制作冰激凌啦！

你需要用到以下物品：

- 1 杯冰冻的全脂牛奶。
- 1/2 茶勺的香草香精（可选择性搭配）。
- 1/2 杯糖、4 杯或 5 杯干净的雪。

你需要做的事情

1 将你从外面收集到的干净的雪放在一个干净的小碗中。

2 将这碗雪拿进你的房屋内，将它放进冰箱里，直到你需要的时候再拿出来。

3 将牛奶、糖和香草香精混合在一起并搅拌一番，直到糖在牛奶中全部溶解。

4 动作缓慢地用勺子将碗里的雪添加到混合物里。持续搅拌，直到它和普通的冰激凌的浓度一样黏稠。

5 迅速将它吃掉或将它放进冰箱里冷冻起来。

如何解读你的涂鸦作品

你在做白日梦时画下的涂鸦作品是发掘你内在是什么类型的人的一种绝妙途径。下一次，当你意识到自己沉浸在自己的世界中时，在一张纸上随意涂鸦，看看你画的东西，根据下列图案找出它们的含义吧。

几何图形

你是个具备高度组织能力的人。如果你最先完成某件事情，有人会向你寻求帮助。

花朵和曲线

你十分友善、善解人意而且每个人都喜欢你噢，你真是个幸运的女孩!

一座房子

你是一个喜欢待在家里的人，这会让你有安全感。你足不出户就能让所有事情都井井有条啦。

箭头

你对生活有重大的计划并且你会意志坚定地达成目标。

心形

你具有浪漫细胞并十分情绪化。我敢打赌你一定会在情人节送出不少贺卡，同时也会收到不少回赠噢。

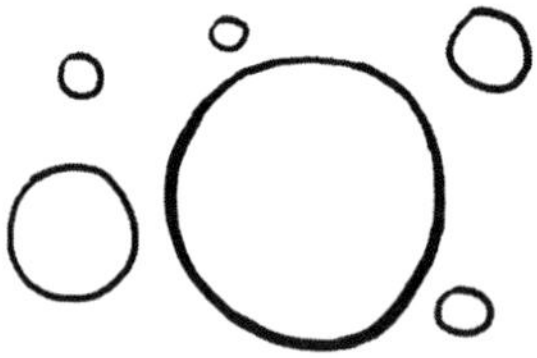

圆形

你喜爱独处。问题在于，每个人都喜欢围绕在你身边，所以你并不经常有独处的机会。

三角形

你厌倦了日复一日做同样的事情，你喜爱变化并乐于接受挑战。

小鸟

你拥有一颗自由的灵魂，想要逃离世间一切喧嚣的事物。

如何制作一个木头娃娃造型的圣诞小天使

几百年来，木头娃娃都是由像你一样的女孩自己制作的。这里介绍了一种木头娃娃造型的小天使的简易做法。如果将它挂在家里的圣诞树枝上作为装饰的话，那看起来简直棒极啦。

你需要用到以下物品：

- 1 个圆头木质晾衣夹。
- 1 支签字笔、1 段粗铁丝、1 瓶织物胶水。
- 一些棉布、1 把剪刀、1 长片硬塑料。
- 1 个纸娃娃、白色、黄色或棕色的羊毛毛线。
- （装饰用的）小发光物和（做衣服饰物用的）小金属片。
- 1 条缎带。

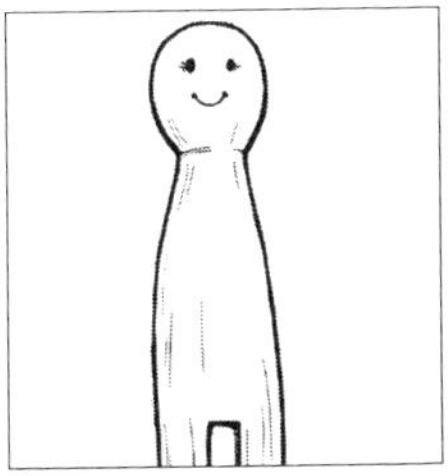

你需要做的事情

1 用签字笔给你的小天使娃娃画上眼睛、鼻子和嘴巴，尽情发挥你的想象力去创作吧。

2 将粗铁丝缠绕在晾衣夹的“颈部”位置上，作为娃娃的两只手臂。在每只手肘处，将铁丝弯曲。

3 拿一块棉布，将它修剪成约 8 厘米×5 厘米的长方形。沿着棉布的一边喷一些织物胶水，再从手臂下方用棉布包裹住小天使娃娃的身体，形成一件上衣。再用一些胶水将娃娃后背处的棉布固定住。

4 沿着娃娃的身体边缘向中间部位剪裁。在娃娃身体的中央剪一个小圆圈，大概与晾衣夹等宽。用制作好的娃娃裙将小天使娃娃裹住，再用织物胶水粘贴，将裙子固定住。

5 在长硬塑料片上画出一对翅膀的形状，将它们剪裁出来。用胶水将这对翅膀粘贴在小天使娃娃的背部。

6 剪裁出 5 段等长的羊毛毛线，将它们粘贴在小天使娃娃的头部，作为它的头发。

7 添加一些小发光物和小金属片，让你的小天使娃娃闪闪发光吧。

8 剪一段漂亮的缎带，将它系在小天使娃娃的脖子上。将缎带的两端各打个结，作为挂环。

如何设立一个美甲沙龙

为什么不在你的卧室里设立一个美甲沙龙呢？邀请你的朋友前来参观，用你专业的美甲技巧征服她们，给她们留下深刻的印象吧！

美甲的另类技法

- 将指甲修剪成稍平的椭圆形。漂亮的稍平的椭圆形是最适合所有指甲形状的。
- 不要将指甲两侧修剪太深，指甲断裂通常都是从这里开始的。
- 在你的美甲工具包里放一对弹性十足的尼龙紧身连裤袜。一旦你修剪好一只指甲，就要将指甲在连裤袜上摩擦一番，以检查一下你的指尖是否达到了超光滑的程度，连裤袜不应该抽丝才对。
- 用指甲油在指甲上画下三道宽线条：一条画在一侧、一条画在中间、另一条画在另一侧。如果你使用的是浓烈色彩的指甲油，涂抹厚厚的两层比一层的效果更佳。
- 不要只使用笔刷头来涂抹指甲油，否则你会涂抹过量，形成气泡。笔刷的鬃毛应该以水平的方式在指甲上涂抹指甲油。这意味着你会刷出更厚，甚至更均匀的涂层，并且以更专业的方式完成美甲。
- 将你的双手浸泡在一碗冰水中，让湿湿的指甲瞬间冷却吧。

快速修剪技巧

一位技艺精湛的美甲师通常拥有十只整洁的指甲。因此，确保你要养护好自己的指甲。如果你想要让指甲看起来美观，但又没有时间来呵护它们的话，试着将几滴橄榄油倒在一块干净、松软的布上吧，迅速地将指甲擦亮即可。

如果你有额外的时间，用一根指甲白色修正笔在指甲上边缘里面清扫一番吧，这样就可以立即营造出法式美甲的效果啦。

如何在坚果壳里制作一只小船

如果你动作小心地敲碎一个核桃，那么核桃壳就会碎成完美对称的两半。在几分钟内，你就可以将它们变成在水面上稳稳漂浮的小船啦。

剪裁一张长方形的纸片来制作船帆。你可以按照自己的喜好将它装饰一番。拿一支小木签穿过船帆，形成船桅。

将一小块雕塑黏土放在半个核桃壳的中间位置。将小木签的一端推进黏土里。

喊一位朋友过来，和她一起让小船前往最近的一条小溪吧。让你们的小船起航，看看谁的船最先在日落时抵达吧。

如何处理青春痘

通常来说，最好不要触碰青春痘。然而，如果你实在忍不住要处理它们的话，记住这一点，不同的青春痘需要不同的处理方法。

红色的青春痘

永远不要试图用手去挤那些形成肿块但并没有“痘尖”的青春痘。如果你动手去挤，只会加深皮肤感染的概率，而且还会有在皮肤上留下疤痕的危险。

清晨拿一个冰块敷在青春痘上，停留几秒，让肿块消下去，青春痘会缩小噢。

在晚间，涂抹一些祛斑霜、消炎洗剂或一点儿茶树精油吧。青春痘很快就会开始消散的。

黄色的青春痘

如果青春痘冒出了“痘尖”，并且痘尖呈现出黄色(哈哈！)，你可以试着处理它，但一定要动作轻柔噢。

泡一杯温热的甘菊茶，将一些脱脂棉浸泡进去。接着，将脱脂棉敷在青春痘上，让它在青春痘上停留 1 分钟。

重复这个动作几次，这对皮肤软化有诸多益处。这样处理青春痘也可以预防瘀斑和留疤的风险。

用一张纸巾裹住你的指尖，动作轻柔地稍稍用力按压青春痘周围的区域，直到青春痘缩小。千万不要用有污渍的手指触碰青春痘，否则可能使它会感染细菌，看起来状况更严重，并且在脸上停留的时间更长。

当你动作轻柔地按压青春痘时，如果青春痘没有立刻破开，停下来，可以等几天再试一试。

结束时，轻轻地在青春痘周围的区域擦一些茶树精油吧。

重要提示：干万不要将青春痘挤到流血——这可能会让你的肌肤留下疤痕。除非等到痘印处完全干透，千万不要用化妆品或面霜敷在刚挤过的青春痘上。

如何识别你的诞生石

“(经雕琢的)宝石”是一种可以切割、打磨的矿物质或岩石，它们可以用来制作光彩夺目的珠宝。有些宝石与一年中某个特殊的月份有着密不可分的联系，这些宝石被称为“诞生石”。

从表中找出你的诞生石吧。

月份	诞生石	诞生石的颜色
1月	石榴石	深红色
2月	紫水晶	紫色
3月	海蓝宝石	淡蓝色
4月	金刚石	白色
5月	绿宝石	翠绿色
6月	月光石	奶油色

如果你有幸能戴上自己的诞生石（很不幸的是，大部分的宝石都十分昂贵），那简直是太幸运啦。

另一种方法是，试着穿一件和你的诞生石颜色相仿的衣服。毕竟，每个人的生命中都需要一点儿好运吧。

月份	诞生石	诞生石的颜色
7月	红宝石	红色
8月	橄榄石	淡绿色
9月	蓝宝石	碧蓝色
10月	粉碧玺	粉红色
11月	黄宝石	黄色
12月	绿松石	蔚蓝色

如何训练你的大脑

你可能不是最擅长解数学题或知道世界上所有国家首都的人，但你可能是家庭里或学校里最具有创造力的人。尽最大的努力发现你的这项潜能吧。

挑战回形针

除了将纸张夹在一起外，你还可以用回形针做更多的事情。花 2 分钟的时间，将你能想到的回形针的用途写下来。按自己的喜好，充分发挥自己的创造力，大胆地将不可思议的想法写出来吧。

当 2 分钟结束时，数一数你写下了多少个点子吧。

4 个点子是人们提出的回形针使用用途的平均数目。

提出回形针的 8 种用途的人很多。

提出回形针的 12 种用途的人很少。

16 种用途，只有千分之一的人能想到回形针有这么多种用途。

为什么不邀请你的朋友们和家人一起尝试一番，看看谁是最具有创造力的人呢?

开始迎接挑战吧

下面罗列了一些关于回形针用途的想法，可以帮助你迎接挑战。你可以用回形针来：

- 做书签。
- 将数百个回形针散落在沙滩上，这可以让使用金属探测器的潜水员陷入疯狂的状态中。
- 作为抽奖售货活动中最糟糕的奖品。
- 当作钓鱼钩。
- 将回形针串在一起制作成项链。
- 制作成一对滑雪板。
- 用来支撑快要掉下来的裙角。
- 用来畅通堵塞的卷笔刀。
- 用来在图片上画小圆点。
- 当坚果壳小船的船锚（详见“如何在坚果壳里制作一只小船”）一节。
- 作为跳蚤爬行的框架。
- 作为洋娃娃的晾衣架。

如何将口香糖从你的头发上取下来

问题来啦：你是怎样将口香糖从你的头发上取下来的？你是否使用了：冰块、花生酱或梳子。

答案：这三样东西都用到啦！

口香糖，将它从头发上除去，除掉啦

拿一个冰块将被黏住的头发区域覆盖住。这会让口香糖变硬变凉。当口香糖变硬变凉时，用手指敲碎它，然后将碎块捏起来。

用花生酱将剩余的口香糖碎块揉搓移动，这个方法听起来

的确很奇怪，但花生酱对于黏住的口香糖有着神奇的效果。彻底地对口香糖揉捏一番。

用梳子将花生酱从头发上梳离(在紧要关头，任何一把梳齿细密的梳子都会发挥功效的）。

在此之后，用洗发水和护发素护理头发。

最后，尽情地吃一些奶油、坚果类食物，这是你应得的报酬。

提醒：如果你对坚果过敏，不要接触或使用花生酱。

如何用一包薯片制作徽章

下面介绍如何制作一个有趣的徽章。当心咯，每个人都想拥有一个这样的徽章呢。

你需要用到以下物品：

- 1 包薯片（小包，而不是家庭分享包！）。
- 1 只烤盘、1 副烤箱隔热手套、1 只木勺。
- 1 个安全别针、1 卷胶带。

你需要做的事情

1 将烤箱调至最高温度（无论何时，当你使用烤箱时，寻求成年人的帮助和监督吧）。

2 将薯片包小心翼翼地打开，将薯片吃完。这是项很可怕的任务，但一定要由某个人来完成。

3 将薯片包里的碎屑倒出来，再拿一片厨房卷纸将薯片包内擦干净。

4 将空的薯片包放进烤盘里，尽可能地将它压平。

5 将烤盘放在烤箱中烘烤约 10 分钟。每隔几分钟检查一下薯片包，确保它没有被烧焦。薯片包应该开始收缩啦。

6 当薯片包收缩到大约原包装大小的2/3时，戴上隔热手套，将烤盘从烤箱中取出来。

7 用木勺的背部迅速地将薯片包弯曲或卷曲的部分压平。接着让它冷却 5 分钟。

8 当薯片包完全冷却时，将它从烤盘中拿起来。现在，它应该变得比普通的薯片包更硬更厚啦。

9 用胶带将安全别针固定在薯片包背后。

10 将它别在你衣服的翻领上。后退几步，等待别人的称赞吧！

如何打七人榄球赛

七人榄球赛是一项精彩的球类比赛，你可以自己玩耍或者和朋友们一起玩。你前进的距离越远，你要进行的动作就越艰难。看看你能持续前进多少距离吧。

如何打七人榄球赛

找一个网球，在室外寻找一片光面墙。站在距离墙面约 2 米的位置上，遵循下列步骤开始打球吧：

- 将网球扔向墙面，然后捉住它。
- 将网球扔向墙面，让它弹回来，然后捉住它。

- 将网球扔向墙面，用手掌将它拍回墙面，接着再捉住它。
- 将网球扔向墙面，将它拍回墙面，让它弹回来一次，接着再捉住它。
- 将网球扔向墙面，让它弹回来一次，再用手掌让它弹回来一次，接着再捉住它。
- 将网球扔向墙面，将它拍回墙面，让它弹回来一次，再用手掌让它弹回来一次，接着再捉住它。
- 将网球扔向墙面，将它拍回墙面，让它弹回来一次，再让它弹回来一次，将它拍回墙面，接着再捉住它。

如何完成艰难的击打网球的动作

当你完成整个步骤时，就再添加以下任意一个变化动作吧。

- 当你每次扔球时，拍打你的双手一次。
- 当你每次扔球时，拍打你的双手两次。
- 当你每次扔球时，将球旋转一番。
- 只使用你的右手来完成每一个阶段的动作。
- 只使用你的左手来重复完成每一个阶段的动作。
- 在实施每个阶段的动作时，将网球从你的右手臂下方扔出。
- 现在，在实施每个阶段的动作时，试着将网球从你的左手臂下方扔出。

如果以上这些动作对你来说太轻而易举的话，你可以按自己的喜好将尽可能多的变换动作结合起来。为什么不让你的朋友接受挑战，和你一起比试一番七人榄球赛呢?

如何在第二天看起来光彩照人

想要在第二天看起来光彩照人，却不能忍受那些烦琐的美容步骤，这其实很简单：当你盖好被子躺在床上时，就可以让自己变美丽啦。第二天清晨你会看起来光彩照人噢。

让双脚变得更美丽。没必要花费几小时的时间擦洗干燥的脚后跟和厚硬的肌肤。只要涂抹足够的润肤霜就可以啦，穿上棉袜，准备上床睡觉吧。明早起床时，你会发现自己的双脚变细嫩柔软啦。

让唇部更柔嫩光滑。在上床睡觉前，在干裂的唇部涂抹一些凡士林吧。第二天清晨，用一块干净湿润的法兰绒巾将死皮擦除。

让手部变得更柔软。在清洗完双手后，将一些护手霜涂抹

在手上，它会将湿度储存在手上，当你进入梦乡时，它会给你的双手和指甲以奇迹般的呵护。

让头发变得更闪亮。想要让头发拥有绝佳的闪亮锁水效果，只要在睡觉前，将厚厚的护发素涂抹在散发着清新洗发水味道的头发上即可。用一块旧毛巾覆盖在你的枕头上，以防止其被弄脏。第二天清晨，用清水冲洗并给你的头发定型。

让你的肌肤变得更清爽干净。不要担心脸上的青春痘会毁坏你一天的好心情。只要在睡觉前滴几滴茶树精油即可，这是女孩子们最佳的丘疹克星啦。

如何制作一个母鸡形状的保温罩

如果你可以将两块布缝在一起，那么你就可以为你的水煮蛋制作出这个鸡蛋保温罩啦。

你需要用到以下物品：

- 制作母鸡身体的棕色毛毡。
- 1 块呈对比色的毛毡，用来制作母鸡的翅膀和眼睛。
- 2 段相同长度的彩色绣线，挑选你喜爱的任何一种对比色都可以。
- 织物胶水、1 把剪刀。
- 别针、1 根大针。
- 1 张描图纸、1 支签字笔。

你需要做的事情

1 将描图纸反过来放置在图样的上方，用签字笔描画出母鸡的翅膀和身体的轮廓。

2 将所有的图样都从描图纸上剪下来。

3 用别针将剪下来的图样镶在毛毡上，再将图样沿着毛毡剪下来。

4 在毛毡上剪下几个小圆圈，作为母鸡的眼睛。

这是一个简单的“针脚”

5 穿针引线，在靠近线尾的地方打个结。将剪下来的两个母鸡身体的形状连接在一起，简单地用“针脚”将图样边缘四周缝起来。从右向左起针吧，要从两层毛毡中穿针引线噢。

6 你需要将母鸡图样的底部留出空隙，不要缝合。这样，当你快要结束缝纫时，确保最后一个针脚缝合完整，这就需要重新回到最后一个针脚的末端，再将针线穿进去。重复这个动作。将剩余没有用到的线剪掉。

7 用织物胶水将母鸡的翅膀和眼睛粘贴到图样上。

8 将你制作的母鸡形状的保温罩放到盛在蛋杯里的鸡蛋上。它看起来如此可爱，以至于你的家人会要求你帮他们每个人都制作一个保温罩。很快，你的餐桌就会看起来像一个鸡窝啦。

如何制作干花

将你在夏天采摘的花草变成干花吧，这样你就能拥有一间一年四季都繁花似锦的卧室啦。

1 尽情采摘你的鲜花吧，试着挑选那些长茎的好植物。玫瑰和薰衣草就是很好的选择。

2 将采摘的植物的花茎修剪整齐，将花茎下半部分的叶子摘除。

3 将鲜花收集在一起，分成花束，再用橡皮筋将它们系在一起。

4 将每一束花摆成风扇的造型，这样每一朵鲜花都能呼吸到新鲜的空气啦。

5 将鲜花倒置，放置在一个黑暗、干燥的地方（保暖衣橱就是一个很理想的地方）两三个星期。

将你的干花摆放在一个漂亮的花瓶或容器之中。没有必要再往里面添水啦。

拿一束干花作为母亲节的礼物吧，这会是份完美的礼物。

如何在 15 分钟内整理好房间

你的卧室可能看起来就像要开始进行杂货拍卖的样子，但你可以在仅仅 15 分钟内就让它变得整洁亮丽。当你亲眼瞧见你可以在 15 分钟内就取得这样的效果时，你可能会下定决心要将卧室打理得井井有条啦……

在你开始整理卧室之前

播放一些你最喜爱的音乐吧。如果歌曲具有很强的节奏感，你可以跟着哼唱一番，这样整理房间的工作就显得有趣多啦。

拿几个垃圾袋、一个托盘和几只空箱子。你还需要准备一块湿布和一只真空吸尘器。将窗帘拉开，卷起百叶窗。当你整理房间时，将窗户打开，让新鲜空气进入室内。

我们从这里开始整理啦

为什么不试着让某个人给你计时呢？

剩余 15 分钟啦。将房间里所有四处散落的衣服放到一起，然后将它们倾倒在床上。将它们一一归类，将脏衣服放进等待清洗的洗衣袋里——将洗衣袋从房间里移出去。将你剩余的衣服收进衣柜和抽屉里，确保要关紧衣柜和抽屉。

剩余 12 分钟啦。将不属于你房间的东西收集起来（诸如你从妈妈那里借来的脏盘子之类的物品），将它们放在托盘里。

将托盘放到你的房间外面，稍后再给它们一一分类。

剩余 11 分钟啦。将地板上和任何可见表面上所有的东西都收集在一起。将它们全部都倒进垃圾袋里，你也可以将垃圾进行分类，稍后再进行回收。将垃圾袋从房间里拎出去。

剩余 9 分钟啦。花一分钟的时间将所有散落的视频、唱片、游戏碟片和毛绒玩具收集在一起，将它们放回到原处。在规定的时间内尽可能多地完成任务。

剩余 8 分钟啦。花一分钟的时间将书籍和散落的纸张清理一番，堆叠整齐。再强调一次，在规定的时间内尽可能多地完成任务。

剩余 7 分钟啦。今天没有足够的时间来彻底地将文件归档或分类啦。将剩余散落的所有物品收集在一起（诸如散落一地的照片、杂志、落单的袜子），再将它们倾倒进一个空箱子里，与把它们都塞到床下相比，这个方法要好得多。将它们放置在房间的角落里或视线范围外的桌子下面。当它们都聚集在一起时，就会激励你去处理它们啦。

剩余 5 分钟啦。拿一块湿布，将布满灰尘的表面擦除。

剩余 3 分钟啦。整理你的床铺，小心地将羽绒被拉直，抖动枕头，让它变得松软。

剩余 2 分钟啦。用真空吸尘器清扫地板。首先清理地板的主要区域，如果还有剩余时间的话，将地板的角落和边缘区域也清理干净。

时间到啦。很好，你做得太棒啦。现在，要不要清理一下起居室呢?

如何拥有最闪亮的鞋子

想要让你的皮鞋像镜面一样闪闪发光，这需要一点儿诀窍和不少费力的工作，但这的确值得一试。

1 将所有的鞋带抽掉，将所有的鞋扣解开。

2 用一块湿布将鞋面上灰尘都擦除干净。

3 用洗革皂擦除污垢或污点，这种洗革皂可以在修鞋店里买到。用湿布沾一点儿洗革皂擦在鞋上。接着，持续擦鞋直到皮革看起来一尘不染为止。

4 用一块干净的干布给你的鞋子抛光。

5 用一件旧的棉 T 恤衫蘸一些鞋油。与鞋刷不同，T 恤衫不会擦伤皮革。将少量鞋油轻轻涂抹在 T 恤衫上，以画小圈的方式擦拭皮鞋。持续擦拭，直到你看到鞋面变得闪亮起来。继续擦拭整双皮鞋。

6 将你的皮鞋放置在一张报纸上，等待鞋油完全晾干。

7 拿一块干净的棉布，给鞋子上的皮革做最后一次抛光。

瞧！多么漂亮、闪耀的鞋子呀。

如何玩“钟状单人纸牌”游戏

下面介绍一种按时钟图案摆出的单人纸牌游戏。在一个潮湿的下午，这简直是打发时光的最佳消遣方式啦。

如何玩耍这个游戏

将 12 张牌正面朝下摆成钟面上数字的图案。将另一张牌放置在你摆出的“时钟”中央。重复这个动作，直到每一堆都有 4 张牌为止（纸牌中的大王和小王除外）。

将中央那堆牌的最上面一张翻过来。这张牌会指引你去翻钟面上的任何一堆牌。纸牌 A 指向 1 点钟，纸牌 2 指向 2 点钟……整整一圈，纸牌 Q 指向 12 点钟。将你的那张牌放到指向的那堆牌下面或旁边，然后将这一堆牌的最上面一张牌翻过来，找出下面该前往哪一堆牌，并翻牌。

无论何时，当你翻出一张 K 时，你必须将它放置在钟面的中央位置上，再从中央一堆牌中拿出一张牌重新从头开始。

你的目标是将 12 堆牌中的所有纸牌都翻一遍，但是，一旦你将所有 4 张 K 都翻出来的话，游戏就结束啦。

如何吃“金鱼”

不要惊慌，你不用真的吃一条金鱼，这只是个神奇的小把戏。无论何时，当你表演这个小把戏时，你都会引起一场不小的轰动。你所需要的仅仅是一个装满水的金鱼缸，水中放一片剪成金鱼形状的胡萝卜就可以啦。

你需要做的事情

1 站在你的朋友和金鱼缸之间的位置上。动作小心地转身背对着她，用手指搅动鱼缸里的水，这会让胡萝卜“金鱼”游动起来。

2 转过身来，向你的朋友宣称你感觉很饿。你的小伙伴可能会建议你吃一块饼干或一片水果。礼貌地拒绝她的提议，告诉她你手边就有一种高蛋白的绝佳零食。

3 将你的手伸进鱼缸中，将“金鱼”拿出来。让它在你的手掌里四处跳跃，这样看起来“金鱼”似乎在四处游动一样。

4 将胡萝卜塞进嘴里，将它咬碎，然后吞下去。面带甜美的微笑，离开房间，而你的朋友呢，张大嘴巴，又惊恐地合上嘴巴，看起来有点儿像……好吧，那可是一条“金鱼”呀！

如何制作友谊之石

一块友谊之石确实可以作为馈赠你最好朋友的特殊礼物。她可以满怀骄傲地将它摆放在卧室的窗台上，或将它作为压纸器放置在桌子上。

你需要用到以下物品：

- 1 块鹅卵石、一些颜料、画笔。
- 几支签字笔、水性丙烯酸清漆。

你需要做的事情

1 在你开始制作友谊之石前，将鹅卵石洗净，并把它晾干。

2 用颜料画出你设计的图样。你可以选择任何你喜欢的设计，将你朋友的原创图样添加进去就更棒啦，将它晾干。

3 用签字笔（或颜料）在石头的底面写一些东西吧。你可以写下你朋友的名字或一条信息，如“你永远是我最好的朋友”。

4 在石头上涂一层水性丙烯酸清漆，将你设计的图样和写的字永远封存起来吧。

5 等待石头完全晾干，再将它赠予你的小伙伴吧。

GOOD

最佳建议： 你不能从特定的某个沙滩上带走石头，因此，首先查看一下石头的状况吧。花卉商店里出售各种形状、大小不一的、袋装的石头。你甚至有可能在公园里、你的花园里或你朋友的花园里找到一块合心意的石头。

如何逮住一只蜘蛛

如果你不愿意和一只蜘蛛共享你的房间，不要试图将它压扁。相反，调查一下怎样才能捕捉到它，再将它转移到其他的地方去。

- 如果蜘蛛在墙面或窗台上徘徊，只要将一个大玻璃杯放在上面即可。将一张硬卡片放置在杯子的边缘下面。现在，你可以安全地将蜘蛛拿到花园里，将它从玻璃杯中释放出去啦。
- 如果蜘蛛已经结网了，你需要将玻璃杯放置在下面，当蜘蛛感知到危险时，就会从网上掉下来。再一次，用一张纸板将它密封在玻璃杯里。
- 如果蜘蛛爬到了墙面或天花板的高处，试着用鸡毛掸将其捉住。一旦你捉住了它，就将它倾倒进玻璃杯中，再用纸板将它密封在玻璃杯内。

如何了解服装的颜色搭配

找到适合你的衣服的秘诀就是要决定你适合“暖色调”还是“冷色调”？下面这则迷你调查问卷会帮助你找出答案的。

你的眼睛是什么颜色呢?

当日光充足时，拿一面镜子站在窗户边，仔细看看你眼睛的颜色。它们是：

1 金棕色、绿色、湖蓝色、蓝绿色、金褐色或者带有棕色的斑点?

2 深棕色或黑棕色、蓝灰色或深蓝色，或者带有白色、灰色或蓝色的斑点?

你的肤色是什么颜色呢？

回到镜子前，检查一下你的肤色。特别留意一下你下颌轮廓的颜色。它是：

1 棕色中带点儿浅粉色或浅金色、浅桃色或浅金色、有雀斑还是金棕色？

2 深棕色、橄榄色、苍白或中间色带点儿淡粉色或面颊上苍白无色？

你的头发是什么颜色呢？

现在，看看你头发的颜色吧。它是：

1 深棕色闪着金色或红色的亮光、红色或草莓金发？

2 蓝黑色、深咖啡色、棕灰中色、金棕中色、亮金色或金黄色？

你是暖色系还是冷色系呢？

你可能回答了大多数的“1”或大多数的“2”。

如果你回答了大多数的“1”，说明你是暖色系女孩。你穿“大地色调”的衣服会很好看。这意味着金棕色、黄色、橘色系红色、深粉色和深绿色很适合你。

如果你回答了大多数的“2”，说明你是冷色系女孩。你穿“宝石色调”的衣服会很好看。这意味着蓝色、鲜绿色、亮粉色和蓝色系红色很适合你。

如何让一场通宵派对的气氛活跃起来

下面介绍两款游戏，可以给任何一场通宵派对增添欢乐的气氛。如果能和 4 个或更多的朋友一起玩，那就更完美啦。

戒指游戏

你需要准备的仅仅是一根长绳子（约 3 米长）和一枚戒指。将戒指滑进绳子中，接着将绳子的两端系起来，制作出一个大环。

挑选一位玩家站在绳环的中央位置上。其他的玩家围着这位玩家站成一个圆圈，将绳子握在手里。

站在绳环中央的玩家要闭上双眼，数到 10。与此同时，其他的玩家沿着绳子传递戒指，将戒指藏在他们的手里。

当站在绳环中央的玩家数到 10 时，他可以睁开眼睛，必须试着去猜测戒指在谁的手里。当他试着猜测时，其他的玩家可以继续依次传递戒指，并装出一副随意的表情，仿佛你在传递戒指似的，哪怕你并没有这么做。

当站在绳环中央的玩家最终猜中了正确答案，他要和那个手里拿着戒指的人交换位置。

新一轮的游戏又开始啦。

刀叉游戏

这可能是全世界最美妙的一款游戏啦，因为它给了你吃巧克力的借口噢。

围成一个圆圈坐在地板上。将一块较大的、包装好的巧克力放置在圆圈中央的盘子里，左右两边各放置一把刀和一个叉子、一副手套、一顶帽子，以及一条围巾。

从最小的玩家开始，轮流掷骰子。一旦有人掷出了 6 点，她必须戴上帽子、围巾和手套，然后抓住刀叉，开始吃巧克力。但问题是她不能用双手触碰巧克力，只能使用刀叉去刺破包装纸，然后将巧克力送进嘴里。

当这位玩家在试着将巧克力吃进嘴里时，其余的玩家继续轮流掷骰子，速度越快越好。一旦有人再次掷出了 6 点，吃巧克力的那位玩家必须停下来手中的动作，将刀叉、帽子、手套和围巾递给那位再次掷出 6 点的玩家，这位玩家需要拿起刀叉，戴上帽子、围巾和手套，开始津津有味地咀嚼巧克力。

继续将游戏玩下去，直到巧克力全部被吃光为止。

如何为你的卧室制作很炫酷的彩旗

挂满织物彩旗的绳子会将一间沉闷乏味的卧室转变为一间漂亮的闺房。如果在商店里购买织物彩旗的话，这些彩旗一定价格不菲，但你可以不用花费很多钱，自己尝试制作一些彩旗。

你需要用到以下物品：

- 棉布碎片。
- 1 段至少 2 厘米宽 ×3 厘米长的缎带。
- 几把剪刀(最理想的是使用“锯齿剪刀”。这些剪刀十分特别，有锯齿形刀片，而不是直叶片）。
- 一些织物胶水、1 张质地坚固的卡片。
- 1 把尺子、1 支铅笔。
- 1 支签字笔。

你需要做的事情

1 将棉布碎片收集在一起——你不需要买这些东西，你只要得到许可，剪一些旧衣服、旧床单甚至是旧桌布都可以。挑选任何你喜欢的图案或颜色拼接在一起，如将漂亮的小碎花和彩色格子布混合在一起，这样的色彩搭配看起来很棒。

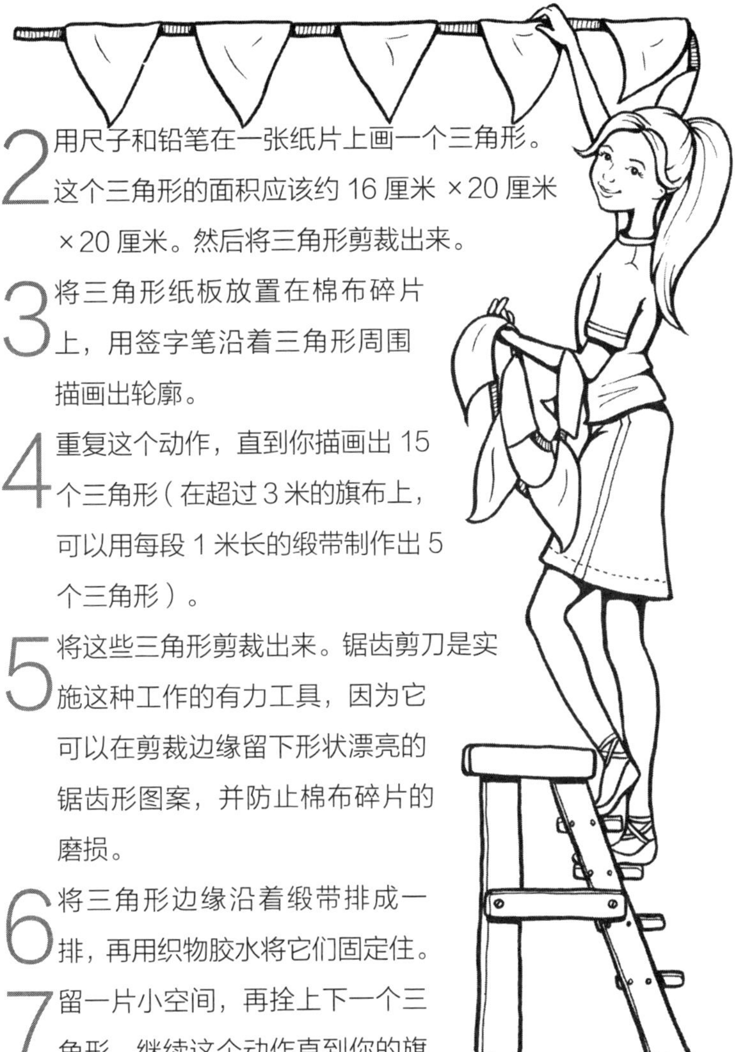

2 用尺子和铅笔在一张纸片上画一个三角形。这个三角形的面积应该约 16 厘米 ×20 厘米 ×20 厘米。然后将三角形剪裁出来。

3 将三角形纸板放置在棉布碎片上，用签字笔沿着三角形周围描画出轮廓。

4 重复这个动作，直到你描画出 15 个三角形（在超过 3 米的旗布上，可以用每段 1 米长的缎带制作出 5 个三角形）。

5 将这些三角形剪裁出来。锯齿剪刀是实施这种工作的有力工具，因为它可以在剪裁边缘留下形状漂亮的锯齿形图案，并防止棉布碎片的磨损。

6 将三角形边缘沿着缎带排成一排，再用织物胶水将它们固定住。

7 留一片小空间，再拴上下一个三角形。继续这个动作直到你的旗布制作完啦。在旗布两端各留下一小段缎带，将旗布系牢。

8 在你将旗布挂在你的卧室之前，要让织物胶水完全干透噢。

如何自己制作杂拌糖果

当你可以制作自己独特的杂拌糖果时，就没有必要去糖果商店啦。将它们作为美妙的礼物送给你的朋友和家人吧。

椰子糖

下面介绍了一种制作美味椰子糖的简单方法，可以用它来款待你的朋友和家人。

你需要用到以下物品：

- 350 克椰蓉、350 克糖霜、400 克罐装炼乳。
- 1/2 茶勺的粉红色食用色素。
- 1 只碗、1 只滤网、面包烤盘、一些保鲜膜。

你需要做的事情

1 将炼乳倒进一只碗里。将糖霜倒进滤网中进行过滤，用手拿着滤网的一端轻轻拍打。

2 添加椰蓉并加以搅拌，直到没有碎的椰蓉，完全拌匀。

3 用一些保鲜膜将面包烤盘覆盖住，将一半的混合搅拌物倒入烤盘底部。

4 将粉红色食用色素添加到碗中剩余的混合搅拌物中，并加以搅拌，直到碗中的颜色变得均匀。

5 将粉红色混合物撒在面包烤盘中白色搅拌物的上方，再将它放到冰箱里，让混合搅拌物凝固。

6 当混合搅拌物凝固后，将它从面包烤盘中取出，并把它切成正方形。

薄荷奶油糖

既美味又充满薄荷的香味，薄荷糖简直就是你制作的椰子糖的最佳糖果伴侣。

你需要用到以下物品：

- 1 个鸡蛋、450 克糖霜。
- 100 克黑巧克力或牛奶巧克力。
- 1/2 茶勺的薄荷奶油。
- 1/2 茶勺的绿色食品食用色素。
- 1 只玻璃碗、1 只平底锅、1 个贴有锡箔纸的烤盘、1 只滤网、搅拌钵。

你需要做的事情

1 请一位成年人帮助你将鸡蛋蛋白与蛋黄分离。将蛋白倾倒进搅拌钵里，添加薄荷调味品和食用色素，搅拌均匀。

2 用滤网过滤糖霜并加以搅拌，直到所有的成分混合在一起，形成一个平滑的小圆球。如果混合物有些黏稠，再添加一些糖霜吧。

3 在你搅拌的混合物表面再撒上一点儿糖霜，并将混合物卷成一条香肠的形状，厚度大约有 3 厘米。

4 将混合物切成约 1/2 厚的磁盘厚度，再将它放在纸板上晾干。

5 将巧克力融化。你可以将巧克力切成正方形，并把它们放在一个玻璃碗中。再将玻璃碗放在一只仅仅装有水的平底锅里，用小火慢煮并加以搅拌，直到巧克力方块都融化为止。请一位成年人帮助你完成这个步骤。

6 将切成片的薄荷奶油混合物的一端浸泡在融化的巧克力中。将每块糖果放进贴有锡箔纸的烤盘中，等到糖果凝固即可。

如何在一个鞋盒小剧场里进行一场演出

用一场表演，让你的家人和朋友们兴奋地尖叫吧。

小剧场

首先，用你的一只旧鞋盒制作你的小剧场吧！如果你家里没有旧鞋盒，鞋店里通常有剩余的鞋盒。

1 将鞋盒沿着较长的边缘竖立起来，在每一个较短的边缘剪开一个开口。这些开口可以作为你的“演员们”登台表演的入口处。

2 决定你的戏剧演出要设定在哪个场所，如在一栋房屋内、一所学校或海边。为你的小剧场建造一处风景区作为背景，你可以剪裁一张纸，让它紧密地嵌入鞋盒的底部。接着，你可以自己描画出风景或使用杂志图片作为背景。你甚至可以将家庭照剪裁出来，粘贴到纸上，作为背景使用，但首先要征求一下家人的意见。

3 将你喜欢的任何额外的元素添加到你的“布景”中，这些元素可以是纸板做成的树木，也可以是洋娃娃住的房屋里的家具或是镶有美妙图案的地板。

4 用两片薄布（每片薄布的面积都要达到舞台宽度的 2/3）制作一幅窗帘，作为小剧场的幕帘。在舞台两边的屋顶下方各制作出两个小孔。在小孔间穿一根绳子进去。用每片薄布的顶端覆盖住绳子，再在绳子下方约一指宽的位置上用缝纫针脚简单地将薄布缝合（详见“如何制作一个母鸡形状的保温罩”最后一页的图片）。检查一下你的幕帘是否可以自由合闭。

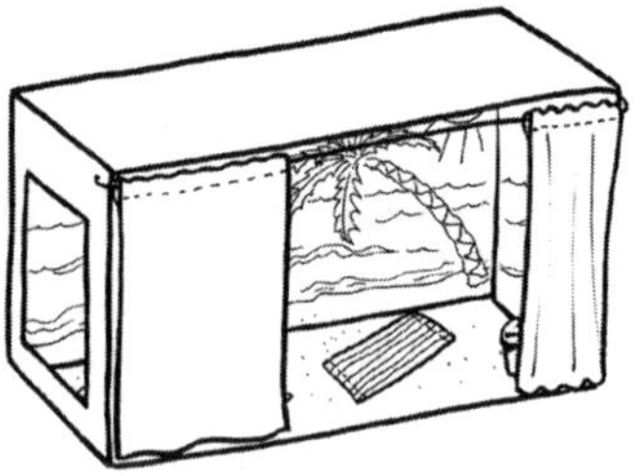

演员阵容

将你的家人和朋友们的照片从旧的家庭照中剪裁出来（首先一定要征求他们的许可）。将这些照片粘贴到从鞋盒盖子上剪裁出来的纸板上。用签字笔给他们的身体画上服装。

用胶带将你的“演员们”捆绑在吸管或小棍子上，小棍子的一端应该横穿演员们的身体背部，并粘贴在人行道上，这样你就可以使用小棍子的“手柄”从舞台的两边来操控演员们的行动啦。记住，一些演员想要从舞台右边入场，而有些演员却想要从舞台左边入场。因此，要根据具体情况来操控小棍子的“手柄”。

GOOD **最佳建议**：如果你需要超过两位演员在同一时间里出现在舞台上，你就要找一两位朋友来帮忙啦。

写下你的剧本

写一场根据人物生活中真实事件改编的剧本吧。这个剧本可以是关于一场生日派对、在沙滩上度过的一天或在学校里发生的有趣的事。如果你不想将剧本写下来，那就在你开始表演之前，花几分钟时间思考一下故事的发展脉络吧。

关于剧作家的建议

- 使用人们的真实昵称。
- 如果某个人，如你的父亲，有一句挂在嘴边的口头禅，也把这句话写进剧本里吧，每个人都会辨认出这句口头禅，他们会放声大笑的。
- 试着在剧本中囊括一些笑话。
- 让你的故事保持简洁，只要一个开头、中间发展和一个结尾即可。
- 考虑一下在戏剧结束后添加一首歌和一段舞蹈，这一直是愉悦观众的好方式。

如何将卡住的戒指从手指上取出

你是否曾经尝试着戴上朋友的戒指，但戒指太小了而卡在手指中取不出来呢？如果发生了这种情况，不要惊慌，只要遵循以下步骤即可顺利地将戒指取出来。

第一步：让戒指冷却。找一只装满凉水的小碗，将碗里的凉水倾倒进一个装着冰块的托盘中。将你的手浸泡在冰水中 10 秒（或者你能承受的最长时间）。这会帮助消除你手上的肿块。

第二步：给戒指涂抹油脂。将足够量的护手霜、橄榄油或洗手液涂抹在戒指上和戒指周围，还要涂抹至整个手指的长度。

第三步：转动戒指。当你缓慢地向上并沿着指关节转动戒指时，动作要轻柔（而不是用力猛拉）。

如何练习“拜日式组合”瑜伽

如果你从未尝试过瑜伽，这就是一个很好的开端。“拜日式组合”瑜伽是一系列伸展身体、静心冥想的练习（包括 12 个瑜伽动作），可以让你一整天都保持神采奕奕的状态。

这些动作应该如行云流水般自然转换。因此，要确保你按照正确的顺序练习这些动作。

别着急，慢慢地坚持练习。确保动作轻柔地伸展身体，在舒服的范围内尽可能地伸展。然而，如果在做任何一个伸展动作时身体部位感到疼痛，最好能立刻停下来。

“拜日式组合”瑜伽

1 双脚并拢站立，双手放在你的胸前，摆成祈祷的姿势。轻柔地吸气，将双臂举高。

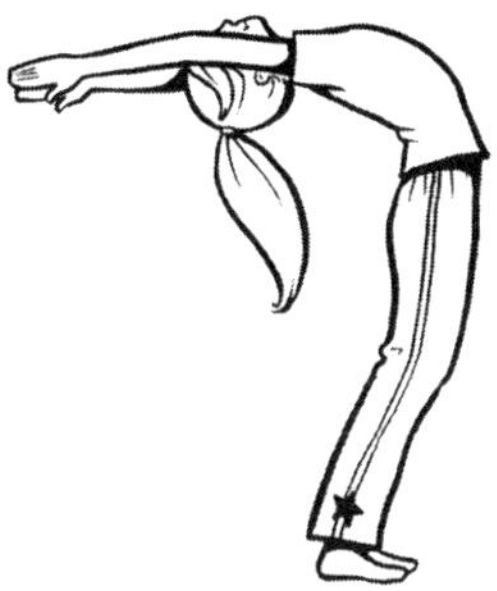

2 身体向后弯曲，将手臂举高，朝向天空，手掌朝下，眼睛向上看，再平视。你应该在身体舒适的范围内尽量向后弯曲。

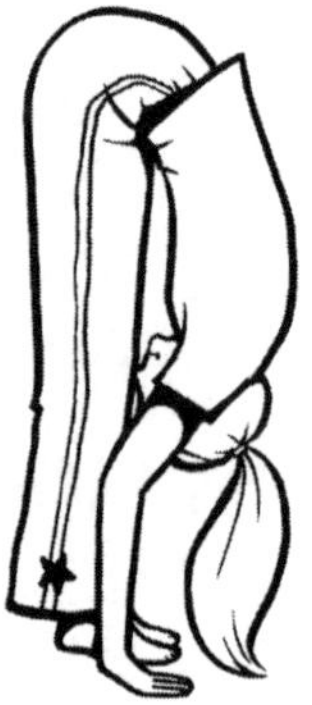

3 呼气并将你的身体尽量向前弯曲，膝盖保持直立（如果你的双手无法触碰到脚指头，也不用担心）。

4 吸气并将你的右腿向后方伸出，将膝盖放置在地板上。眼睛向前看。

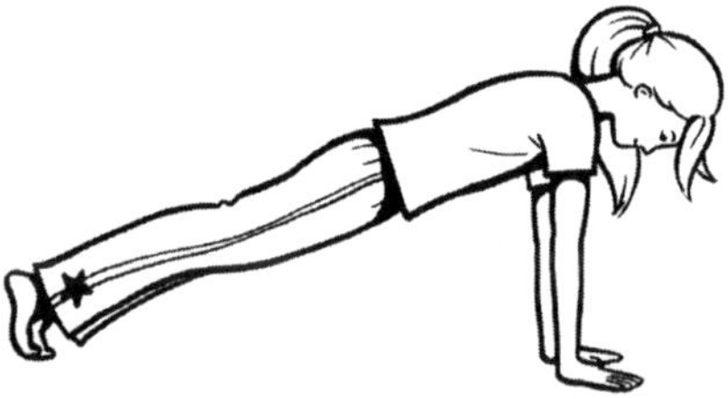

5 将左腿向后方伸出，和你的右腿保持一致。如果可以的话，用你的双手和脚趾头支撑住你的身体。这个姿势称为“斜板式”。

6 当你将膝盖、胸部和前额放低至地面时，呼气。当你弯曲双臂时，维持手肘在身体两侧的姿势。

7 吸气，拱起背部并将头部和颈部向上伸展。这个姿势称为“眼镜蛇式”。

8 呼气，伸展你的双臂并将身体向后推，让你的臀部悬空，双腿伸直。这个姿势称为“下犬式”。

9 当你弯曲右腿时，吸气，将右腿向前伸并将它置于双手之间的位置上。

10 呼气，将你的左脚收回到右脚旁边的位置上。双腿伸直，膝盖保持不动，身体向前弯曲，用双手去触碰双脚两侧的地板。

11 当你吸气时，将你的双臂向前伸展，接着再轻柔地将身体向后弯曲。将你的双臂贴近耳朵。

12 呼气并回到初始姿势，逐渐将你的手臂放低。将你的双手置于胸前，摆成祈祷的姿势，“拜日式组合”瑜伽练习就结束啦。

如何烹饪一顿愚人节的晚餐

4 月 1 日又被称作愚人节。在这一天，你可以在你的家人和朋友们身上要些实际的小把戏。在食物上动手脚的人才是真正的赢家呢。

下面介绍一些将进餐时间转变为小把戏时间的方法。确保你提前做好充分的准备。邀请你的客人们前来参加你的愚人节晚餐吧，你就可以靠在椅背上，享用这一顿有趣的晚餐啦。

食物之乐

- 如果你的牛奶是用纸盒包装的，你可以滴几滴食用色素进去，将牛奶变成蓝色。没有人会注意到这一点，直到他们把牛奶倾倒出来。
- 如果你的家人吃 O 形的谷类食品，用一条线将它们都串起来，再将它们放回到盒子里。
- 制作一个以假乱真的“煎蛋”吧。将一勺原味酸奶设计成椭圆形，摆放在盘子里。将一半的杏子放在酸奶中央。将它和一片货真价实的培根放在一起，端给你的家人品尝吧。
- 遵循包装上的说明制作一些果冻吧。在它凝固之前，将果冻倒进玻璃杯中。在每个果冻上方插一根吸管，将它们放进冰箱里。在你将制作的“果肉饮料”端给他们之前，要等到果冻凝固。观察一下你的客人们试图去吸食果冻的场景吧。

- 将一个空蛋壳倒置，并把它放进一个蛋杯中。用一只里面空无一物的水煮鸡蛋让大家大吃一惊吧。
- 用勺子的一端在一个苹果上舀出一个小洞，然后在苹果里面插入一只嗜甜的蠕虫。（呸！好恶心呀！）
- 将一勺马铃薯泥放进冰激凌蛋卷中，并告诉你的客人们这是香草口味的冰激凌噢。
- 用一根针在吸管上刺穿几个小孔，观察某个人吮吸吸管时困惑不解的神情吧。
- 将糖和盐相互调换。
- 将饼干中间的奶油刮掉，用牙膏来替换奶油吧。

GOOD **最佳建议：** 有些人说在 4 月 1 日这一天，你只有等到正午才可以实施你的愚人计划。如果你在正午之前玩这种小把戏的话，出丑的就是你自己啦。其他人说在 4 月 1 日，整天实施小把戏也没关系。

如何假装自己是一名冲浪女郎

你可以在不用下水的情况下，就让人们相信你是一名冲浪女郎，这其实很简单。你可以在这两个主要领域里完善自己：外形和谈吐。

外形匹配

冲浪女孩的穿着清凉且随意，大概就是看起来很宽松、很轻便的衣着，而不是盛装出席，为了给男孩子留下深刻印象的那种衣服。

- 围绕着短裤和比基尼上衣着装。再在上衣外面罩上几层褪色的 T 恤衫（那些带有水手条纹或海边图案的 T 恤衫尤其适合）。最后，再套上一件彩色的连帽衫。
- 平底人字拖鞋和很多套在一起的友谊手镯都是必需品。
- 考虑一下，借一件潜水服，将它随意包裹住你的肩膀，这样就能制造出稍后你就要上岸休息的假象啦。

GOOD

最佳建议：冲浪女孩的头发总是看起来有一种蓬乱的美感或沐浴在太阳、大海和沙子的氛围中而显得蓬松而有质感。将两勺盐混合在 500 毫升的温水中也可以达到此种效果。在沐浴后将它倒在你的头发上，但不要将它冲洗掉。这种含盐的漂洗可以给你一种真实的沙滩宝贝的感觉。

谈吐适宜

学会说一些必要的“冲浪语言”。当你自信心增强时，试着在你的谈话中增添以下这些短语，这可以说服人们你就是一位如假包换的冲浪女孩。

甲板。冲浪板上你站立的那部分区域。

冲浪板袋。一名冲浪者收集的冲浪板。

破浪。这是一个经典的冲浪动作。当你迎着海浪冲浪时，你要左右摇摆地转动滑板。

碰撞区。此处指波浪被滑板滑破的区域。

浪花喷溅。当波浪被滑板滑破时，产生的白色泡沫水流。

加入别人的冲浪区域。偷偷摸摸进入已经被另一名冲浪者占据的波浪，这是惹怒一名冲浪者的最快捷的方式。

轻蔑一瞥。当另一名冲浪者做了某些坏事，如闯入你的冲浪区域时，在正常情况下，你要对入侵者给予轻蔑的一瞥。

管状冲浪。这是指当一个波浪迎头从你的头顶劈下时，你就可以在一个圆柱形的孔中冲浪啦，这是所有的冲浪者梦寐以求的情况。

绿色空间。这是指管状冲浪的内部区域。

退潮流。水面下极强的一阵洋流。

被浪打翻。这是你以炫耀的姿态从滑板上摔下来的时刻！

探险者。一位年轻的冲浪者。

如何制作纸雪花

纸雪花的制作过程十分简单，而且看起来十分漂亮。你可以将这些纸雪花贴在窗户上，将它们悬挂在天花板下方或以圆圈的形状粘贴在前门上，制作出一个圣诞花环。

你需要用到以下物品：

- 一些白纸（想要制作出大一些的纸雪花，需要剪裁出一个 20 厘米 ×20 厘米的正方形。想要制作出小一些的纸雪花，需要剪裁出一个 10 厘米 ×10 厘米的正方形）。
- 1 支铅笔、几把剪刀。

怎样做出纸雪花

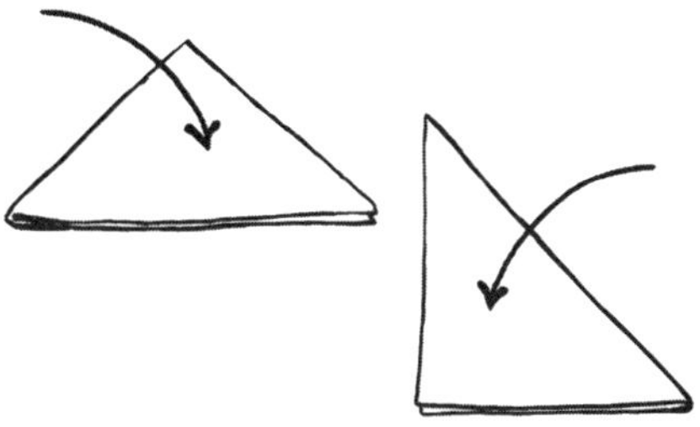

1 将纸张沿对角折叠，再将纸张沿对角折叠一次。

2 将一端沿着你折叠的三角形底部折叠到2/3处，形成上图所示的形状。

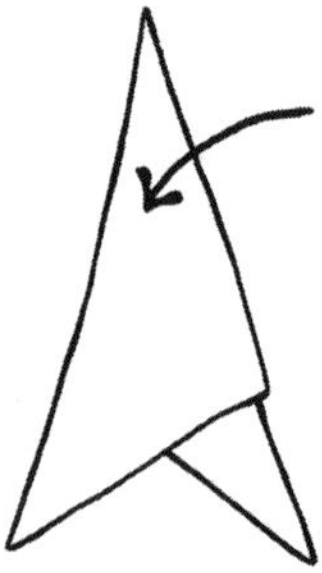

3 将另一端沿着左图中所示的区域折叠。

4 沿着右图中这条虚线将两端剪掉。

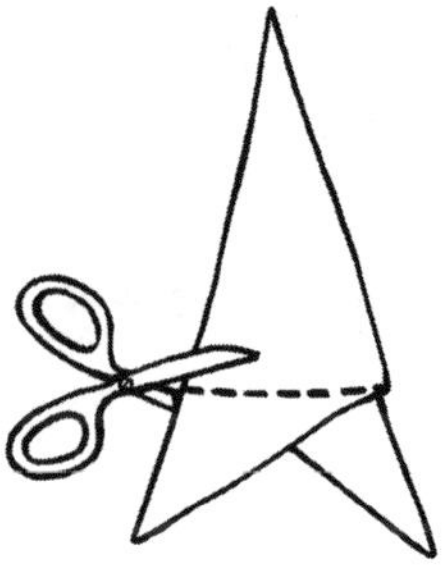

5 用一支铅笔在三角形较长的两边画出锯齿形。你画出的锯齿形越多，你制作的雪花就越精致，越有美感。用剪刀沿着你用铅笔画出的线条剪裁出来。

6 将你剪裁出来的纸雪花打开，欣赏你的成果吧！

GOOD

最佳建议：如果你使用白纸来制作纸雪花的话，添加一些胶水和（装饰用的）小发光物让雪花更闪耀吧。

如何玩“暗夜眨眼杀手”的游戏

对于万圣节派对来说，“暗夜眨眼杀手”简直是最令人毛骨悚然的游戏啦。

如何玩这个游戏

邀请至少 4 位朋友，围坐成一个圆圈。将每个参加游戏的人面前的纸牌牌面朝下摆放，其中一张牌必须是黑桃 A。

每位玩家都要看看自己的牌面（但不可以展示给其他玩家看）。持有黑桃 A 的玩家就是凶手啦!

玩家们安静地坐在一起，凝视着彼此。在没有引起其他人注意的情况下，凶手通过向受害人眨眼而将她杀死。当一位玩家接收到眨眼的暗示时，她必须“死去”。她可以制造出戏剧性的尖叫或直接倒在地板上，只要她能明确地向其他玩家展示出自己已将死去的信息即可。

如果凶手将其他所有的玩家都“杀死”的话，那她就获胜啦。如果有人在每位玩家都被“杀死”之前发现了凶手，并正确地指认出她就是凶手，那扮演凶手的这位玩家就输了比赛咯。

如何举行一场出奇制胜的派对

如果你想制造出让一位朋友既开心又惊讶的效果，那就为他们的下一次生日举办一场出奇制胜的派对吧。与吹几个气球相比，组织一场出奇制胜的派对需要做的事情更多。下面罗列了 10 条你需要遵循的指导原则。

10 条指导原则

第一条原则。决定一个日期。了解你的贵宾何时有空余的时间前往参加派对，这一点十分重要。因此，首先和她的家人以及朋友确认一番吧，以确保她在那一天没有其他的事情要做。

第二条原则。选定一场以假乱真的活动，要让你的贵宾相信那天你还有别的事情要一起做。这样可以转移她的视线噢。

第三条原则。发出邀请函，但邀请函上要明确说明这场派对是一个惊喜。你一定要向人们强调这一点。邀请他们在寿星到来之前，提前半个小时抵达吧。

第四条原则。如果你在这个重大的日子看到她与贵宾交谈了，对她简慢随意一些，忽略今天是她的生日这一事实。即使她提到了今天是她的生日，你也要表现得漠不关心，这样她会感觉到十分受伤，但稍后的派对会令她感到更加惊喜。

第五条原则。将音乐、食物和饮料准备好，确保这些都是你的贵宾最喜爱的东西。

第六条原则。如果贵宾和你同住在一个屋檐下，确保你将举办派对的所有证据都隐藏起来，不要让他们发现。

第七条原则。当其他客人陆续抵达后，将他们的鞋子、随身包和外套都储藏到视线范围之外的地方，这样有其他人在你的房屋里的证据就不那么明显啦。

第八条原则。确保你挑出了一位朋友作为观察员。当你的贵宾出现在房屋外时，她应该发出信号，告诉所有的宾客保持安静。

第九条原则。关闭所有的灯具，这样你的客人就走进了一间看起来空荡荡的、漆黑的房屋。

第十条原则。当你的贵宾走进房屋内时，将灯具的开关打开，播放音乐，让每个人都大喊“惊喜噢”，然后将她从地板上抬起来，开始这场别开生面的派对吧！

如何用漂亮的手法包装礼物

与拆开礼物相比，唯一一件比这个更令人感到兴奋的事就是拆开一件包装精美的礼物啦。下面介绍一些简单的“做”与“不做”包装礼物的手法，这可以帮助你提升礼物“令人惊叹”的格调噢。

做。在一块宽敞、平坦、干净的区域进行这项包装礼物的工作吧。如果是在地板上，首先将地板打扫干净，因为即使微小的沙砾都可以轻易地划破包装纸。

不做。不要使用太多的包装纸，因为当你进行包装时，很难折叠整齐。

做。将礼物置于包装纸的中央位置上，这样做可以保证礼物的每个边角都有同等大小的折叠空间。

不做。不要试图在一件形状奇异的礼物周围包上包装纸，首先将礼物放进盒子里，这样做更便于包装。

做。在你开始进行礼物包装之前，从一卷胶带上撕下几段胶带。将这几段胶带的一端粘贴在一个平滑、坚硬的物体上。例如桌子的边缘，这样，当你需要使用胶带时，就可以轻而易举地随手取用啦。

不做。不要忘记用包装纸将礼物紧紧地包扎起来。当你折叠包装纸时，要制作出深深的折痕。

做。在你用胶带粘贴住包装纸边缘之前，使用一件厚重的物体，如一个压纸器或一只豆子罐头将包装纸的边缘压住，加

以固定。

不做。如果你想要制造出一个弓形的缎带样式，不要使用质地普通的缎带。相反，试试金属边的缎带吧！它可以完美地维持弓形的样式。

做。在礼物上附上一个标签，说明是你寄来的礼物。没有比你送给别人一件精美的礼物，却得不到回应更糟糕的事情啦！

做好准备，发挥你的创造力吧

一旦将基本工作准备就绪，你就可以充分发挥你的创造力啦，将礼物包装成最独具特色的样式吧。

- 超越你的想象，不要考虑那些普通的包装纸啦。你可以使用从连环漫画书、音乐商店、地图或海报上剪裁下来的漫画书页作为包装纸。为什么不试着将包装纸的风格和收取礼物的人感兴趣的事物相匹配呢？
- 拿一张白纸作为包装纸，并用食用色素予以染色作为装饰。这种食用色素比普通的广告颜料更便于使用，因为折叠纸张时，食用色素不会脱落。

- 用漂亮的布料包装礼物，并系上缎带，会让你的礼物看起来极其精致。
- 为什么不试着添加一些闪亮的贴纸来提升白纸的亮度呢，或者试着在白纸上敷上一层薄薄的白胶浆，在上面撒上一些（装饰用的）小发光物或（婚礼、狂欢节中抛撒的）五彩纸屑呢？在白纸上粘贴一些装饰用的羽毛也能制造出不错的效果。
- 用牛皮纸和细绳在礼物周围细致地包装起来，这会让礼物看起来格外精巧。你可以使用行李标签替代礼物标签。
- 将礼物塞进纸筒（厨房卷纸的卷筒就是理想的工具）里，这样就可以将一件小礼物变成圣诞饼干的造型啦。用彩色的薄页纸将纸筒包裹起来，用缎带或橡皮筋将包装纸的边缘捆绑住，形成一个圣诞饼干的形状。用贴纸装饰一番。

如何告诉理发师你真正的需求

大多数的理发师更擅长于剪发而不是读懂顾客的心理。因此，下一次，当你下定决心换个新发型时，一定要牢记以下这些黄金准则。

挑选一张完美的发型图片

不要因为从杂志上撕下图片，向你的理发师展示你想要的发型而感到害羞，这会给你和理发师的讨论开启一个良好的开端。如果你找不到你想要设计的发型图片，就找出你压根不想要的发型图片吧。这听起来有些奇怪，但将你不喜欢的发型和喜欢的发型都展示给你的理发师，这对你的发型设计是大有助益的。

比画，而不是用嘴说

用你的手指比画一番，向理发师展示你确切想要的头发长短。这会防止当你真的只想稍稍修剪一下发梢时，理发师却从你的头发底部剪掉一大截头发。

不要使用“专业理发师的语言”

你是否真的了解“多层修剪”“分层修剪”“头发打薄”和“发尾修平”这些理发术语之间的区别呢？如果你错误地使用了一个术语，理发师可能会直接动手修剪，结果却呈现出和你的想象完全不同的发型。用简单的语言和手势来描述你想要的发型吧，这样就可以确保你能得到自己想要的发型啦。

如何用软木塞制作一匹小马

将可爱的软木塞小马放置在卧室的窗台上，这看起来十分漂亮。它们制作起来十分简单，你可能会忍不住制作一群小马噢。

你需要用到以下物品：

- 1 只软木塞、1 把工艺刀、1 张硬卡片。
- 1 支签字笔、几把剪刀、白胶浆。
- 4 支牙签、羊毛毛线。

你需要做的事情

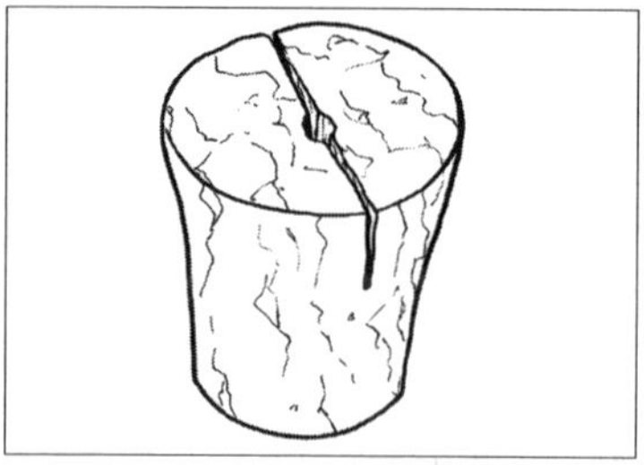

1 软木塞可以用来制作小马的身体。用一把尖利的工艺刀在软木塞一端划开一条裂缝，准备制作小马的头部（请一位成年人帮助你做这件事情）。

2 动作小心地在纸片上画出小马的头部和颈部的侧面轮廓。将它剪裁出来，按照你的喜好着意添加小马的面部细节。

3 在小马颈部的一端涂抹一些胶水，再将它插入到软木塞划开的裂缝中。

4 用 4 支牙签来制作小马的 4 条腿。将它们推挤进软木塞制作的小马身体里面，注意保持 4 支牙签的平衡，这样你的小马才能笔直地站立起来。

5 剪一些长度不等的羊毛毛线，将它们粘贴在小马上，形成鬃毛和尾巴。

GOOD

最佳建议：为什么不试着将你的小马变成一匹斑马呢？你只要在软木塞上画上黑色的条纹，使用黑白相间的羊毛毛线就可以啦！

如何吃你的“一日五种果蔬”

如果你想要保持内在的身体健康，同时保持外在的靓丽形象，你需要在一天内食用至少 5 份水果和蔬菜，那就从 2 份水果和 3 份蔬菜开始你的健康饮食吧。如果你是那些宣称不喜爱水果和蔬菜的人群中的一员，下面介绍如何将它们加入到你的膳食结构中去的方法。

- 将果汁冰冻，制作出可口的棒冰。
- 将一片片水果穿进木扦中，制作一个饱含维生素 C“水果串”。将水果串浸泡在酸奶或巧克力酱中。
- 在将比萨放进烤箱之前，在你从商店买来的、最喜爱的口味的比萨上面撒上足量的、切好的蔬菜。
- 在午餐时，小口啜饮一盒鲜榨果汁吧，而不是汽水。
- 将大块的生蔬菜，如胡萝卜、芹菜和花椰菜一起浸泡在你最喜爱的混合食物里，而不是将薯片浸泡进去。
- 将少量的时鲜或冷冻水果倾倒进你的冰激凌中。
- 将干香蕉片撒在你的早餐谷物麦片里。
- 为什么不尝试一下“蚂蚁上树”的零食呢？将奶油干酪撒在一堆芹菜里面，然后再撒上少量的葡萄干。
- 尝试一种新水果或蔬菜吧！说服你的父母每周买一种你从未尝试过的异域水果吧。

如何用苹果籽种植苹果树

1 将你的苹果吃掉，小心翼翼地将苹果籽去除。

2 用一些堆肥将花盆填满，如果你拿不到花盆的话，找一只旧的食品容器也可以。

3 将几粒苹果籽埋进堆肥里，确保土壤将苹果籽覆盖住。充分浇水。

4 用一个宽大的盖子将花盆覆盖住，并把它放置在一个温暖舒适的地方几个星期。时不时地浇些水，确保堆肥不会干涸。

5 一旦你的苹果籽开始发芽，辨认出看起来最强壮的那棵，然后将其他的拔出来。

6 持续给嫩枝浇水，将花盆放置在一个向阳的地方，观察它的生长。你可以使用指甲剪为你的小树修剪枝杈，保持它矮小的体积。

如何在一头暴躁的大象发狂时幸存下来

如果你很不幸地和一头发狂的大象面对面，知道该如何应对十分必要。

处理紧急情况的策略

- 总是待在大象的“下风处”。要做到这一点，你必须分辨出风向。你想要风越过大象吹向你，这样大象就很难辨认出你的气味啦。舔舔你的手指，将它伸到空中，辨认出风的方向。
- 学会辨认出一头“假装发怒”的大象和一头狂躁追逐你的大象之间的区别。不幸的是，读懂大象的身体语言这项技巧需要多年的观察才能掌握。在你学会这些技巧之前，你

可能会先被大象压扁噢。如果大象的耳朵呈现出放松的状态，这可能是它只是在假装发怒。如果你待在原地静止不动，它就会对你失去兴趣。然而，如果大象煽动并摇晃它的双耳，那它就极有可能是真的发怒了，到了该逃走的时间啦……就是现在！

- 如果你必须逃跑的话，试着沿着锋利的锯齿形移动脚步吧！多亏了它们庞大的身躯，大象很难迅速地转移方向。
- 不要想当然地认为将一只老鼠放置在大象身上就可以让它逃走，大象并不是真的害怕啮齿动物。
- 不要试图跳入水中来逃脱大象的追赶，大象可是很好的游泳健将。相反地，爬到树上去吧，如果你听说它们不擅长爬树也不要感到惊讶。尽管如此，还是先检查一下树上有没有豹子。
- 如果你在不停地逃跑，而大象又在不断接近你，向它扔一个诱饵作为袭击吧！你的夹克衫或一个粗壮的树枝都可以作为完美的攻击武器，如果你身边恰好有一大堆花生的话，你也可以拿这些花生来作为攻击武器。

如何自己制作花草茶

新鲜花草或晾干的花草都可以拿来制作一杯芳香四溢的花草茶——只要添加些水就可以啦！

你可以从花园里挑选一些新鲜的花草，将它们放置在窗台上，让它们自由生长，或者你也可以从超市买来成束的或晾干的花草。要制作一杯花草茶，你需要用到一茶勺晾干的花草或三茶勺大致切碎的新鲜花草。薄荷就是很好的花草，而且生长起来毫不费力。

制作薄荷茶

1 取出三茶勺大致切碎的薄荷叶，将它们置于一只茶壶、水壶或者有柱塞的咖啡壶中。将新煮沸的水倾倒在薄荷叶上（请一位成年人来帮助你做这项工作吧）。

2 在你滤除并端上茶水之前，让薄荷叶在水中“浸泡”5分钟。

如果你不想让小片的薄荷叶漂浮在茶水上方，为什么不试着自己制作出花草茶叶包呢？

自制花草茶叶包

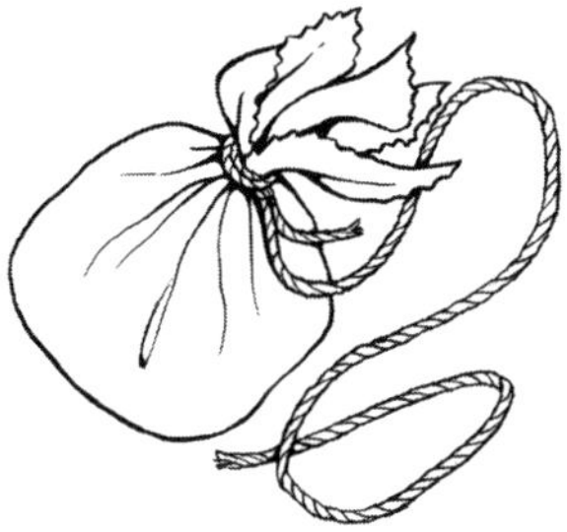

剪一块 10 厘米 ×10 厘米的正方形平纹细布，将你采集的花草放置在平纹细布的中央，接着将细布的边缘聚拢。用绳子将它紧紧地系住，在绳子另一端留下足够的长度，这样你就可以让花草茶叶包悬挂在杯子里啦。

药　草

花草的味道十分芳香可口，而且许多花草还深具疗效。然而，不要使用任何尘封的花草。首先，检查一下它们是否可以安全食用才是最重要的。最具疗效的两款花草首选就是薄荷和甘菊。

薄荷。薄荷品尝起来鲜嫩可口，除此之外，它还可以帮助人们缓解胃痛。当你感冒时，还有助于你更顺畅地呼吸。

甘菊。这种花草有一种沁人的芳香。据说，它具有助眠的功效。因此，睡前喝一杯甘菊茶是一个不错的选择。

阳光茶

在一个烈日炎炎的天气，款待自己一杯阳光茶怎么样呢？

只要在一只干净的水壶里装满凉水，放进去少量的、碾碎的、你最喜爱的新鲜花草，让它在阳光下沐浴三四个小时即可。如果觉得甜度不够，你可以添加一点儿蜂蜜并加以搅拌，将一些冰块倒进去，就可以享用啦。阳光茶真是太可口啦！

如何制作最完美的雏菊花环

想要消磨掉一个炎炎夏日的午后时光？没有比制作雏菊花环更好的方法啦。你可以制作项链或手镯，皇冠或花环，脚链或戒指。无论你想制作什么，遵循以下这些最重要的窍门，你就可以确保自己能制作出最漂亮的配饰啦。

最完美的花环

1 挑选出你中意的雏菊——那些有着粗长的花茎的雏菊。将它们沿着根部拔起，这样你就有足够多的花茎可以使用啦。

2 用你的拇指指甲将花茎纵向分离，制作出一条约 1 厘米长、距离花茎底部约 0.5 厘米的裂缝。

3 拿起第二支雏菊，将它的花茎穿过你制作出的裂缝，将雏菊一直拉伸至花头。

4 在第二支雏菊上制作出一条裂缝，然后重复这个动作。持续做这项工作，直到你的雏菊花环达到了你需要的长度。

5 当你准备完工时，在最后一支雏菊上制作出一条长长的裂缝，再将第一支雏菊的整个花头置于其中。动作轻柔地拉紧连接的花茎。

关于雏菊花环的制胜秘诀

- 你可以将雏菊花环悬挂在家里一处温暖的地方，如保暖衣橱里，并将花环烘干。
- 不要将制作材料局限于雏菊上，毛茛属植物也是很好的选择（只需采摘那些十分常见的野花即可。千万不要采摘一朵野花，除非它周围有至少八种健康的植物才行，而你不可以采摘这八种植物噢）。
- 考虑一下你制作完花环的最终效果吧。如果是一个花朵密集的花环（将这个用作皇冠再理想不过啦），将花茎的裂缝延伸至花朵。想要让花朵看起来更稀疏一些，那就将花茎的裂缝延伸至根部吧。

如何制作入口即溶的小甜饼

“融化时分”是一种可口的小甜饼，似乎入口即溶。这些小甜饼之所以品尝起来如此美味，是因为配方中包含了吉士粉。你可以一次吃一个，但如果在小甜饼中间放上黄油的话，它们就更令人馋涎欲滴啦。这些小甜饼真是太美味啦！

你需要用到以下物品：

- 175 克软黄油、100 克糖霜。
- 175 克纯面粉、100 克吉士粉。
- 1/2 茶勺的发酵粉。
- 少许盐、1 只碗、1 只滤网。
- 1 个涂抹油脂的烤盘、1 只叉子、烤箱隔热手套。

你需要做的事情

1 将烤箱的温度调至 180 摄氏度 /350 华氏摄氏度 / 煤气 4 度（无论何时，当你使用微波炉时，请一位成年人在旁边予以监督）。

2 取一只碗，将软黄油和糖霜在碗中混合，直到混合物变得光滑而润泽。

3 用滤网将纯面粉、发酵粉和吉士粉过滤到碗中。再在碗中添加少许盐。

4 动作小心地将干燥的配料搅拌进黄油混合物中。

5 每次取一茶勺的混合物，并将它揉捏成一个小球。

6 将揉捏好的小球放置在烤盘中，用叉子尖头的部分按压每个小球的顶端，把它们稍稍压平一些。

7 将烤盘放置在烤箱中，烘焙 15~18 分钟，一直到小甜饼呈现出淡淡的金黄色。使用烤箱隔热手套将烤盘从烤箱中取出。

GOOD

最佳建议： 如果你想将两块小甜饼做成夹层饼干，只需将等量的软黄油和糖霜在碗中混合搅拌即可。在一块小甜饼的底部撒上一茶勺的黄油与糖霜混合物，然后在上面叠放另一块小甜饼即可。

如何摆出完美优雅的姿态

在镜子中审视一番你的姿态，遵循以下这些要做和不要做的准则来塑造出完美优雅的姿态吧。

做。沿着你的发际线到肩膀处将脖颈伸直。

不做。不要将你的头部向前伸的同时弯曲脖颈。你应该保持这个姿态，在头上放本书也可以维持平衡。

做。肩膀放松，肩胛骨保持平坦。

不做。不要将你的胸部向内缩。将肩膀向外并向后方伸展，但不要让你的双肩靠近你的双耳。

做。将你的脊椎伸直，后背稍微弯曲出一个小弧度，而不要用力弯曲后背。

做。臀部收紧，收腹。

不做。不要将双脚外撇或内撇。

如何将你的美容工具整合起来放进化妆包里

有可能学校不允许你化妆前往学校，但你想看起来漂亮动人与在学校这两者之间没有什么冲突。当然啦，你肯定不想拖拖拉拉地随身携带着一些化妆品，但有几样东西还是很值得随身携带的噢。

放在化妆包里的东西

给你自己准备一个漂亮的小包吧，可以将你藏匿的化妆品放在里面，化妆包的体积不要太大，大约和铅笔盒的体积差不多就可以啦。现在，你要做好准备，收集下列这些物品：

- 1 面迷你镜子，方便你检查自己的妆容并随时开合，还可以拿出来补妆。同时，也便于你观察在你身后的教室里发生了什么事情。
- 1 包纸巾，可以吸除皮肤上的油光，而且还可以擦拭流出来的鼻涕。
- 1 支润唇膏，对维持唇部的柔软和光滑可以起到显著的效果。选择那种小管状的润唇膏精华。你还可以擦一点儿润唇膏到你的指甲和皮肤的表皮上，让它们保持柔软湿润。
- 药用遮痘印修容霜，如果你的皮肤易于遭受突如其来的损伤，储存 1 只修容霜是很有必要的。
- 准备一瓶凡士林或透明的睫毛膏，这是让睫毛和眉毛更清晰的秘诀，而又不会被老师发现你化了妆。
- 1 只迷你发刷，这可以保持你头发的整洁。将橡皮筋缠绕在发刷手柄的周围，以防你稍后想要将头发向后梳，扎成 1 个马尾辫。
- 携带几只漂亮的发夹，这样你立刻就可以让头发变得漂亮耀眼起来啦。

如何制作反射球

反射球可以让任何一场派对都变得更加生动活泼。只要遵循以下这些简单的步骤，你就可以自己制作出反射球啦。

你需要用到以下物品：

- 1 只圆形气球、一些报纸、凡士林。
- 墙纸胶黏剂、1 只厚重的漆刷、1 张银镜卡片（你可以从工艺品小店中买到这个）、几把剪刀、白胶浆。
- 1 根针和一些粗线、黑色颜料、胶带。

制作一只纸型小球。给圆形气球吹气，让它形成一个圆滚

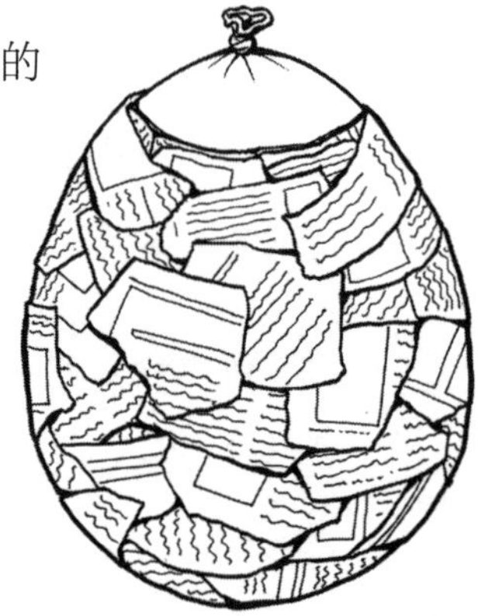

滚的圆球形状。在气球表面涂满厚厚的一层凡士林（这样稍后更容易将凡士林移除）。根据包装上的说明，将墙纸胶黏剂和水混合在一起。

将报纸撕成许多条，然后用足量的墙纸胶黏剂将它们粘贴到气球上。在气球顶端留下足够大的空间，便于你用手拎起气球。

用至少 4 层报纸将气球包裹起来，在开始包裹新一层报纸之前，让每一层报纸先晾干。

让你的纸型气球一天或两天的时间完全干透。接着，再用针扎进气球里，然后将针从气球中拔出。

用黑色颜料将气球染成黑色。用黑色丙烯酸或广告颜料覆盖住气球外面的所有报纸，等它再次晾干。

添加正方形的银镜卡片。将银镜卡片剪裁成多个约 3 厘米 ×3 厘米的正方形。用白胶浆将正方形贴满气球。将正方形整整齐齐地排列起来，修剪任何一个正方形，让它们填补空隙。你的目标是覆盖整个气球，就像马赛克一样。完工时，你应该只能看到一点儿黑色颜料裸露在外面。

用线将气球系起来。用一根粗一些的针在气球开口处的下方刺穿3个约2厘米的小孔。让这些小孔在气球的边缘区域以均匀的距离分隔开（将涂满胶水的小球放置在你用针扎出小孔的小球内部，这可以防止你用针扎破你的手指噢！这可是个好方法）。

将一段结实的粗线穿进针眼里，确保你在尾端打了个大大的结扣。从气球内部，将针穿过其中一个小孔。用胶带将结扣固定在气球内部。在气球上的每个小孔处都重复这个动作。

派对时间啦。最终，用三股线将你的反射球悬挂起来，让它旋转起来吧！

如何玩“面粉塔”游戏

有两位或两位以上的玩家参与其中，才能确保“面粉塔”游戏的乐趣。如果你不想因为制造混乱而受到斥责的话，最好选择在厨房或花园里玩这个游戏吧！

你需要用到以下物品：

- 1 只装满面粉的浅碗、1 块未拆封的糖果。
- 1 块擀面板、1 把勺子。

游戏规则

1 在浅碗里装满直至碗口边缘的面粉，用勺子将面粉用力下压。

2 将擀面板放置在碗口，小心翼翼地将碗倒置过来。做这个动作时，将一只手置于碗口上方，另一只手置于擀面板的

底部。最终，碗应该倒置在擀面板上方。

3 小心地抬起碗，这样擀面板上就能留下一个碗口形状的、圆顶状的面粉塔啦。

4 将糖果放置在面粉塔的顶端。

5 每一位玩家必须轮流用勺子舀取一些面粉，而不能让糖果松动。开始时，游戏十分简单，但随着面粉的减少，游戏会变得越来越困难，面粉塔越来越细，而糖果还放置在塔顶。

6 让面粉塔倒塌并让糖果从塔顶掉下来的玩家就是输家。对输家的惩罚是从面粉中间拾起糖果……要用牙齿，不能使用双手噢！

如何在托盘中建造一座花园

如果你在一只托盘里创建了一整座花园，你就可以将它摆放在卧室的窗台上啦。这里介绍了最基本的搭建方法，但你要记住，你建造的花园的独特样貌取决于你所使用的材料。

准备好开始搭建花园吧

园丁使用的播种盘就是你搭建花园的理想基地，但任何大约 50 厘米 ×25 厘米大小，并且至少 5 厘米深的容器都可以作为很棒的基地。

建造园内风景区

植物。小盆的盆栽植物、迷你仙人掌或花朵都可以作为花园中的主要植物。你只需在土壤上挖个洞，将它们埋在固定位置即可。

池塘。一面小镜子或一圈锡箔纸都可以制作出波光粼粼的池塘。用橘色的纸张剪裁出金鱼的形状，让它们在水中自在“畅游”吧。

岩石。用漂亮的鹅卵石或石块搭建出山丘或一个大圆石。

草地。你家花园中的苔藓就可以用来创造出绿油油的草地（但不要从野外摘取苔藓），或者说，如果你无法从绿色的草坪上拔草的话，就用苔藓来代替小草吧。

小路。小心翼翼地用一些碎石（这些东西你可以从宠物店或鱼缸中找到）或树皮碎屑为你的花园铺出一条小路吧。按你喜爱的方式将小路铺成弯弯曲曲的样子。

最后的润色工作

正是这些小细节会为你的花园带来勃勃生机。

- 在花园里放置迷你人物或动物，让他们来观赏你的花园。
- 各式各样的洋娃娃、小屋、家具类物品也能为花园增色不少：洋娃娃的座椅可以作为花园的长凳，装饰物可以作为花园里的雕像，而小毯子则可以作为野餐垫。
- 用两根棒棒糖棍制作一根晾衣绳，在上面悬挂一些洋娃娃的衣服。
- 用一只漆成棕色的小箱子来制作花园棚屋。
- 在你的花园里撒满盐，制造出雪花纷飞的效果。为什么不试着用雕塑黏土堆一个雪人呢？
- 你也可以在花园底部添加一段火车轨道，让一辆小火车在上面奔跑。

如何改掉有损美丽的坏习惯

通常那些最简单的事情可以让你呈现出最佳状态。然而，同样也是那些最简单的事情却可以毁掉它。下面介绍一些有损美丽的坏习惯，现在改掉这些坏习惯的时间来到啦！

持续抚摸你的脸颊。你所做的只是将手指上的尘垢直接抹到脸颊上去，这会促进青春痘和粉刺的滋生噢。

抚弄你的头发。如果你时刻都心不在焉地玩弄你的头发，你就是在加快发尾分叉的速度。

舔舐嘴唇。事实情况是，舔舐你的嘴唇实际上只能令它变得比以往更加干燥，且更易于皲裂。在触手可及的地方放置一只清香的润唇膏吧。当你感到嘴唇干燥时，拿起来涂抹一下就可以啦。

揉擦眼睛。你眼部周围的皮肤十分脆弱细嫩，不停地揉擦它会让眼睛变红并产生灼热的疼痛感。

使用橡皮筋捆绑头发。没有覆盖物的橡皮筋会损伤你的发质。相反地，使用一根合适的、织物覆盖的橡皮筋吧。在你用橡皮筋捆绑头发之前，在上面涂抹一点儿护发素，这可以保护你的头发不受橡皮筋的损伤。

咬指甲。这是个很难改掉的习惯，但如果你想拥有一双漂亮的双手，这个方法就很值得一试。试着留出一个可以啃咬的指甲，在剩余的指甲上都涂上味道令人恶心的液体。当你逐渐远离了咬指甲的习惯时，在那只可以啃咬的指甲上也涂上这种液体吧。

借化妆品。你可能十分渴望和你的朋友分享她的眼线笔，但难道你也想和她一起分享眼部感染的症状吗？

在室温调高的室内睡觉。如果你不想让你的皮肤像鳄鱼一样干燥，试着在更为凉爽的房间里睡觉吧。在上床之前，将温度调低，中央制暖器会让空气变得十分干燥，还会吸走你皮肤中的水分。如果你的父母坚持要将室内的温度调高，那么在你的房间里放置一盆水分充足的植物吧，它可以维持空气中的湿度。

每天都使用加热的头发造型设备。偶尔使用头发直板夹、卷发棒和卷发夹没什么问题，但如果每天都使用这些设备的话，它们会损伤并蹂躏你头发上不稳固的锁水层。那就只在头发干燥时使用这些设备，在使用这些设备之前，用吹风机将头发吹干吧。无论何时，尽最大的可能让你的头发自然干燥吧，这样可以维持头发的闪亮和发质的健康。

如何玩“翻绳”游戏

邀请一位朋友，和你一起试一试这个翻绳游戏吧。看看在遵循以下这些顺序的情况下，你可以将绳子翻得多快吧。

如何玩“翻绳”游戏

1 将一根 160 厘米长的绳子系成一个圈。

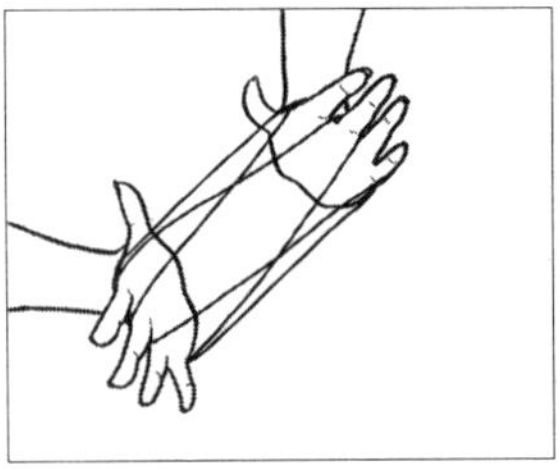

2 将你的双手套进圈里，拇指放在圈外。再次用绳子将双手缠绕一圈。用你的中指从底部勾住横躺在手掌背面的绳子，然后拉伸。用另一只手重复这个动作，制作出一个“翻绳”图案。

3 你的小伙伴应该同时使用她的大拇指和食指，从绳子十字形的两点上方将“翻绳”捏住。

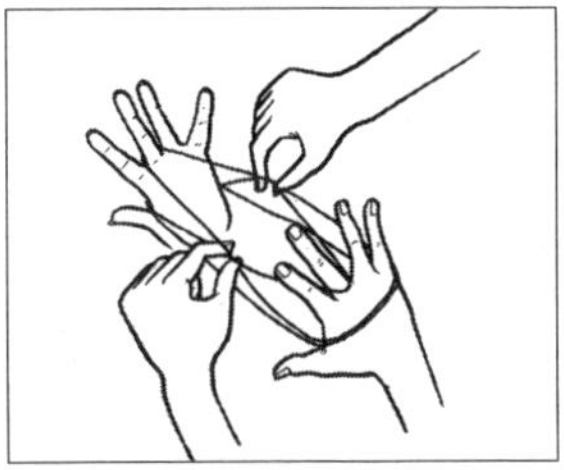

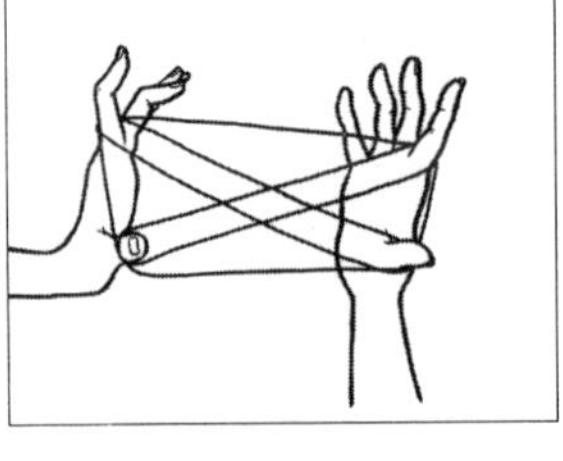

4 你的小伙伴将十字形翻出来，绕过外端的绳子。接着，她要将手中的绳子从中央拎出来。拉伸绳子，这样她就能将绳子紧紧地套在手指上啦。这就是所说的“士兵床”图案。

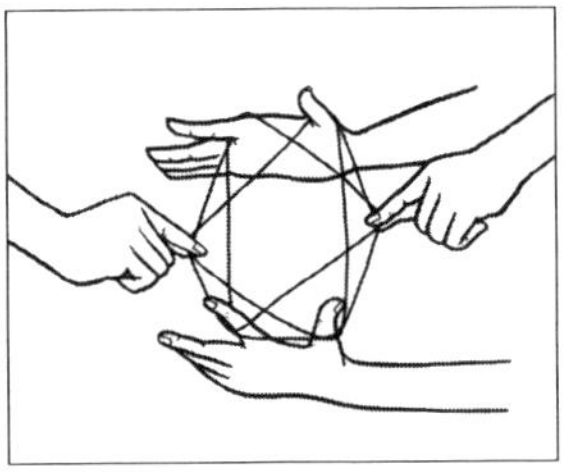

5 用同样精准的方式，你必须捏住“士兵床”中长线穿过的那两点。

6 将绳子四周转动并穿过中央，将绳子翻到上面去。当你将绳子分开时，它们会形成四条平衡的绳子。这个图案叫作“翻绳”。

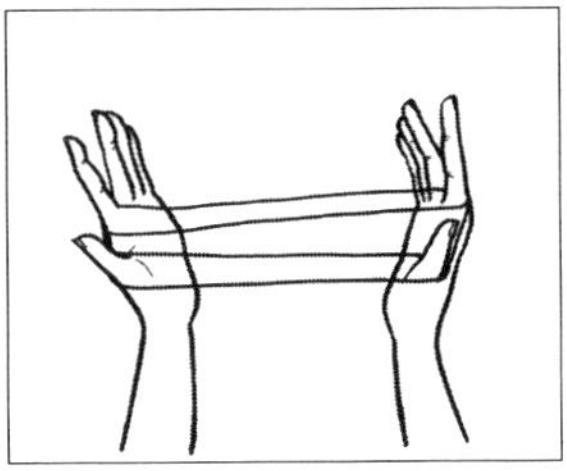

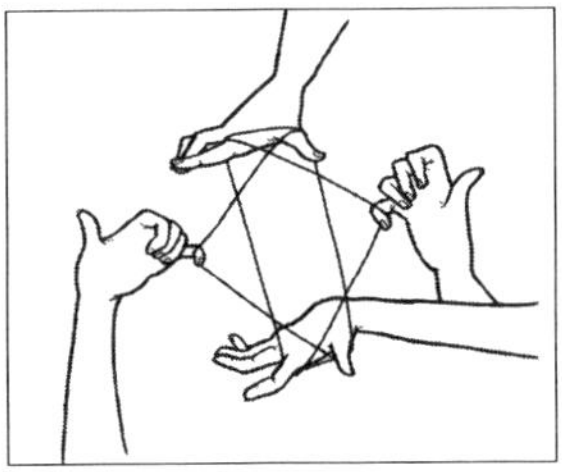

7 现在，你的小伙伴要用右手的小指勾住里面靠左的那根绳子，再用她左手的小指勾住里面靠右的那根绳子。她要将这些绳子拉出来，形成一个正方形。

8 接着，你的小伙伴要同时运用她的大拇指和食指，将外面的绳子向上翻，形成一个“反向翻绳”图案。

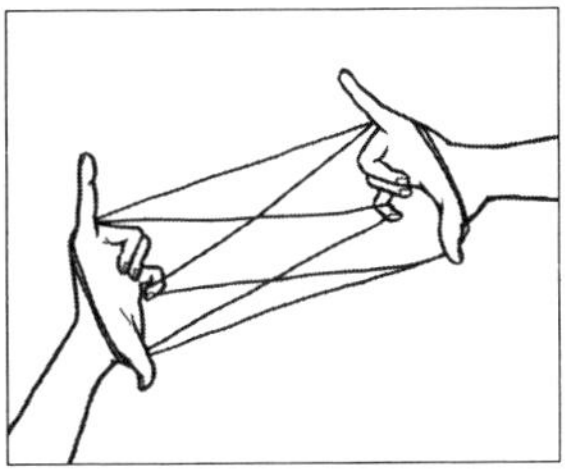

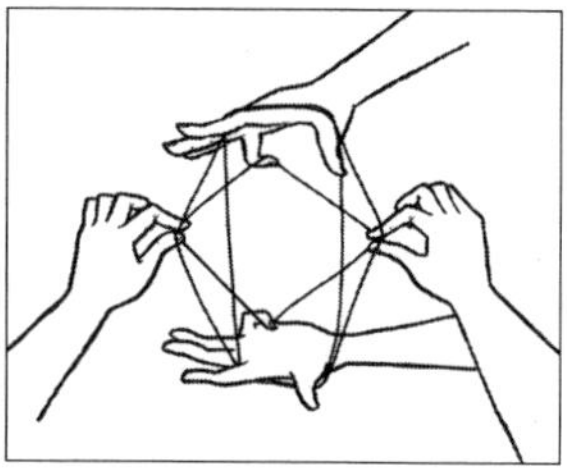

9 按照你的朋友制作“士兵床”的同样方式，你必须将形成十字形的绳子从里面拎出来，再从底部将它绕在外圈绳子的周围。

10 这一次,在将绳子拉紧之前,直接将手指伸入到中央。

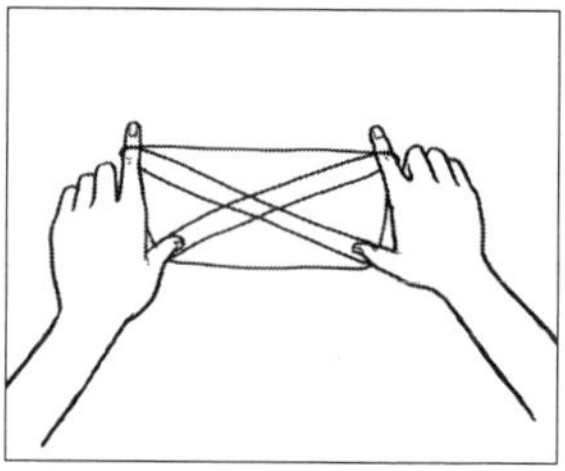

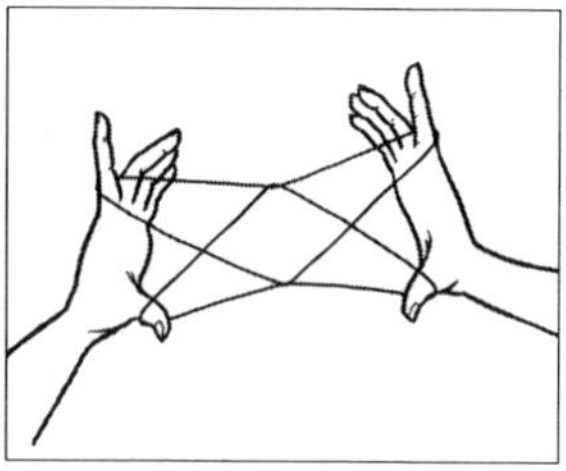

11 接着，你的小伙伴要重复你曾经制作“翻绳”图案的动作，但神奇的是，她创造出的是四个三角形的图案，这叫作“猫眼”图案。

12 现在，将你的大拇指和食指伸到每一个三角形中，从中央将绳子向上翻并拉伸，制作一个“盘中鱼”图案。

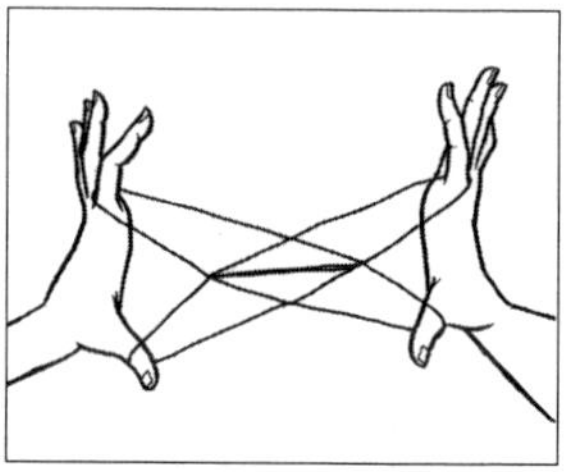

如何制作最佳风味的爆米花

问题来啦：你怎样才能将坐在电视机前的无聊夜晚转变为一个观察趣味电影的夜晚呢？

答案是：把你的朋友们都邀请过来吧，打开你最喜爱的DVD，在她们手里塞进一只装有自制爆米花的大碗吧。自制爆米花简直太美味啦！

自制爆米花只需花费几分钟就可以完成，品尝起来十分美味，与现成的爆米花或你从超市里买来、放入微波炉中烘烤的爆米花相比，价格也更便宜。你可以在超市里售卖干豆和小扁豆的货物区或一家售卖健康食品的商店里找到爆米花玉米仁。

你所需要的东西仅仅是一只平底锅，还需要一位成年人站在你旁边（因为爆米花玉米仁会变热）。

你需要做的事情

1 找到屋内最大的一只平底锅，这只平底锅必须有锅盖。将平底锅放置在烤炉搁架上，向平底锅里倾倒一汤勺的油（任何种类的植物油都可以）。

2 向平底锅内放置两把干爆米花玉米仁。

3 力道均匀地摇晃平底锅，让油在锅里散布均匀。

4 将锅盖盖上，并把温度调至中火。

5 制作爆米花需要十足的耐心。不要禁不住诱惑而掀开锅盖偷看，否则你会被飞溅的玉米仁伤到鼻子！

6 很快你就会听到玉米仁爆炸的声音，听到玉米仁敲击平底锅边缘和锅盖的声音。

7 当声音平息下来，偶尔只能听见几粒玉米仁爆炸的声音时，将烤炉设置温度的开关关闭。

8 当爆炸声完全平息时，将锅盖掀开，将你制作的美味的爆米花倾倒进碗中。

在爆米花上撒一些配料

现在到了你在原味爆米花上添加香料的时间啦。从下面列出的美味调味品中选择一样或多样添加进爆米花里吧。

- 想要制作出经典风味的爆米花，添加少许盐进去吧。
- 任何种类的糖也都可以，当然，红糖尤其美味。
- 添加一勺糖浆、蜂蜜或枫糖。还要添加一把切碎的坚果仁（提醒：如果你对坚果过敏，就不要添加坚果啦）。
- 添加一团黄油。搅拌均匀。
- 辣椒粉或辣椒会让爆米花变得很辣、很辣、很辣！
- 可可粉。
- 研磨精细的帕玛森乳酪。

如何在“拉拽饼干”游戏中取胜

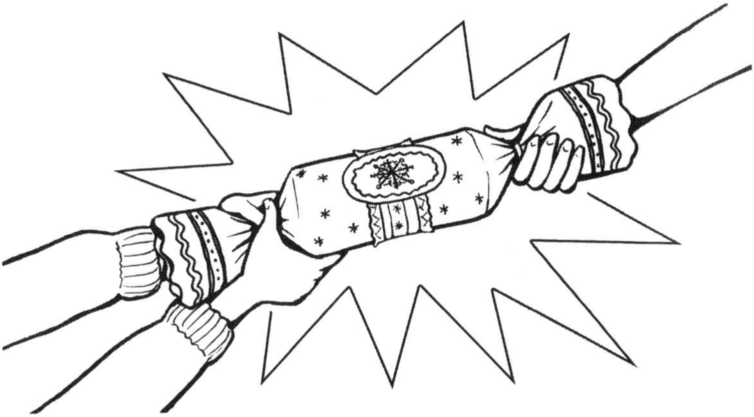

科学家们花费了很长时间来研究赢得“拉拽饼干”游戏的最好方法，这是一项值得一试的工作，因为在那些时日里，饼干中经常包裹着十分美妙的礼物，能够激发人们赢得比赛的斗志。

好消息是，你和你的对手的体形大小并不重要，制胜的诀窍是比赛技巧。专家说下面列出的这些小诀窍可以最大化地增加你赢得奖品的机会。

- 用冷静的眼神凝视着你的对手，这会让他们感到坐立不安。
- 用两只手的拳头用力握住饼干，产生均匀压力，放置饼干被撕破。
- 在拉拽饼干的过程中，将你拉拽饼干的那一端向下倾斜。
- 不要弯曲或使用猛力，相反的，你的目的是要用平稳的、有控制力的力气去拉拽饼干。

如何绘制一幅侧面剪影的肖像

多年来，人们已经为他们的朋友和家人绘制了无数幅侧面剪影的肖像，而这些肖像看起来的确栩栩如生。艺术家可以徒手剪裁出一幅肖像，但这是看似简单的技术实施起来也是需要技巧的。

你需要用到以下物品：

- 1 张白纸。
- 1 张黑纸。
- 胶水、1 盏照明灯。
- 1 支铅笔、几把剪刀、胶水。

你需要做的事情

1 涂抹一些胶水，将白纸固定在墙面上。

2 让你的朋友坐在靠墙的位置上，侧过脸来（身体转向侧面）。在她身旁放置一盏照明灯（确保你的朋友坐在灯和白纸之间）。将照明灯前后移动，直到你朋友的侧影投射在白纸上，呈现出与真人一样大小的投影，确保投影清晰而不模糊。

3 用铅笔在纸上沿着投影的轮廓描画出来。

4 将白纸从墙上取下来，沿着铅笔画出的线条将人物的侧面轮廓剪下来。

5 将侧面剪影粘贴在一张黑纸上，这会让侧面剪影的肖像呈现出最佳效果。

如何玩“观察钟表”游戏

想要玩这个游戏，你所需要的仅仅是一只闹钟和三位或更多的玩家。确保你将房间里的其他钟表都覆盖住，并且要没收玩家们身上所有的手表和手机噢!

让每个人围成一个圆圈站立。给闹钟设定时间，到了两分钟就会响。游戏的规则是，当他们认为闹钟快要响时，每位玩家就要坐下，当他们坐下来时，要大声喊出自己的名字。在闹钟响之前，坐下来的最后一位玩家就是赢家。在闹钟响之后，任何一位仍然保持站立姿势的玩家必须接受惩罚。

如何调制一杯风味绝佳的鸡尾酒

邀请一些朋友聚在一起，享受不含酒精的鸡尾酒吧！这些酒被称为“无酒精鸡尾酒”。找出如何调制美味鸡尾酒和装饰酒杯的方法吧。

调制鸡尾酒的方法

海风。取一只高脚杯，添加同等分量的葡萄汁和蔓越莓汁。搅拌均匀并添加足量的碎冰。

绿色怪物。将一整个莱姆酸橙的汁液挤到一只小玻璃杯中。在顶端放上柠檬和碎冰。再添加一片莱姆酸橙即可。

可乐漂流。将一些冒气泡的可乐倾倒进一只高脚杯中。向杯中投入两勺香草冰激凌并加以搅拌。

圣克莱门茨。在碎冰上倾倒同等分量的橘子汁和柠檬苏打水。装在高脚杯中呈上来吧。

灰姑娘。将同等分量的菠萝汁、苹果汁和柠檬汁混合在一起。将混合果汁倾倒进一只高脚杯中，再在上面放上冒气泡的柠檬。

装饰酒杯

鸡尾酒不仅仅要品尝起来美味，它们也应该有着精美的外观。下面介绍一些能让你的鸡尾酒大为增色的方法。

- 在将水冷冻之前，在水中添加一些食用色素，制作出五颜六色的冰块。

- 在将鸡尾酒倒进酒杯之前，用糖霜装点你的酒杯。将酒杯的边缘浸泡在少量的水中，再将它浸泡在装满白砂糖的浅碟子中。
- 水果片看起来总是十分诱人。在水果片上划开一道裂缝，将它插在酒杯的边缘即可。
- 在酒杯中放入一根造型精致的吸管，吸管越弯曲，呈现出的效果就越好。
- 不要忘记所有看起来精致的鸡尾酒总是装饰着一把纸雨伞。

如何给康乃馨着色

赠送给某个人最喜爱的颜色的花朵吧，即使花朵是蓝色的、绿色的或黑色的都可以！

你需要用到以下物品：

- 6 支白色的康乃馨、300 毫升水。
- 20 滴你想要染成花朵颜色的食用色素、1 只干净的罐子。

你需要做的事情

1 将水倒进罐子里并添加食用色素。

2 从你挑选的白色康乃馨花茎底部剪下约 5 厘米的长度。

3 时而不时地检查一下，观察花朵在接下来的 24 小时逐渐变色的过程。即使康乃馨的根部被剪掉了，它们的花茎依然可以吸收添加了食用色素的水，并将它的颜色转移到花朵和叶子上。

4 如果你的康乃馨的花瓣在 6 小时之内没有变色的话，再添加一些食用色素到水里。

GOOD

最佳建议：红色和蓝色的食用色素最为有效。

如何成为一名花样游泳者

如果你身体强健、动作灵活并且善于在水下屏住呼吸，花样游泳可能就是为你量身定做的运动啦。所谓花样游泳，就是例行表演一系列的游泳动作，同时要和你所在游泳小组中的其他游泳者保持完全协调一致的动作。

给裁判留下深刻的印象吧

下面介绍想要成为顶尖的花样游泳者需要遵循的 10 个步骤，只要做到以下这 10 个步骤，就可以确保你在每次比赛中都能给裁判留下深刻的印象噢。

1 决定你想要参加双人游泳赛还是小组游泳赛。最多 8 个女孩可以组成一支游泳队。首先从双人游泳赛开始吧，这被称为“双人花样游泳表演”，这个起点十分有益，因为这样更易于和一个人保持时间上的一致，而不是和整个小组一起。

2 装扮得体。确保你的队伍穿着相匹配的泳装。将你的头发梳成整洁的发髻，并佩戴统一的（女子束发用的）弹性编织带。

3 戴上鼻夹，这个装备十分有必要，因为当你倾身倒置钻到水下时，它可以防止水冲进你的鼻子里！

4 谨慎地选择你的音乐，任何节奏感强烈的音乐都很合适，尤其是音乐剧中的音乐。

提醒： 将你携带的音乐播放器与游泳池保持安全距离是十分必要的。

5 在你进入游泳池之前，表演一些精彩的“岸上动作”，给裁判留下一个好印象吧。这些是你在入水前在游泳池边上完成的动作。但动作要迅速一些，在入水之前，你只有 10 秒钟表演“岸上动作”的时间。

6 在表演游泳动作期间，千万不要用你的双手或双脚去触碰游泳池的底部，裁判会给你惩罚。

7 练习在水下保持睁眼，你需要能够查看你的同队队员在做些什么。

8 练习在水下屏住呼吸。顶尖的花样游泳者在表演复杂的动作时，可以在水下屏住呼吸长达约 1 分钟的时间呢。

9 练习基本动作，直到它们成为了你的惯常动作。查看随后列出的“基础动作小指导”吧。

10 微笑！即使你真的已经精疲力尽了，保持微笑也是一项必备技能，这可以让观众们相信这些表演对你来说只是小菜一碟啦。

基础动作小指导

下面是对花样游泳中基本动作的指导说明。

跃出水面。首先要快速地将头部露出水面，你的目标是将身体尽可能多的部分浮在水面之上。

连贯性动作。这是由所有的队员一起、一个接一个完成的一系列动作，通常是快速的连续性动作。

水中旋转。在水中快速旋转 180 度。

单足芭蕾。每位游泳者需要平躺在水面上，一只脚平放在水面上，而另一只脚在空中伸直。

打蛋器。一条腿维持踢腿的动作，来支撑你的整个身躯，手臂自由摆放。

直立姿势。这个姿势需要你在水中倒立，但不能触碰到游泳池底部。你的双腿要向上伸直并伸出水面，注意你的脚指头也要伸出水面。

如何制作一张舞会皇后图案的贺卡

用一张透明描图纸的背面制作一张贺卡吧。

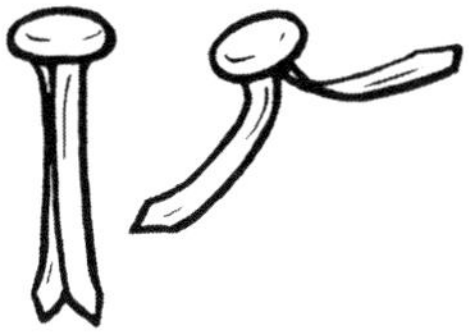

你需要用到以下物品：

- 描图纸（防油纸也可以噢）。
- 1 支铅笔、一些薄卡片、几把剪刀、1 根针。
- 4 个蝴蝶纽扣型纸夹、几支签字笔、胶带。

你需要做的事情

1 用铅笔描画出图中皇后纸样的头部和身体。

2 将描图纸放置在卡片的上方（用一些胶带将描图纸加以固定）。沿着铅笔线再描画一遍，用力用铅笔在纸上按压，在卡片上留下一个立体痕迹（在制作小孔处也要画上大大的圆点）。

3 将描图纸移开，用铅笔在卡片上将印痕描画出来，再沿着印痕形状剪裁纸片。

4 用剪刀的一端在卡片上刺穿几个大大的洞口，在你做这个工作时，请一位成年人来帮忙吧，这样可以防止剪刀刺破

你的手指!

5 用蝴蝶纽扣型纸夹分别将两条腿和两只手臂固定在皇后的身体上。

6 给皇后图样涂上颜色，描画出她的特征。在卡片背后写上祝福语。将卡片装进一个信封，将它寄给你的朋友吧。

如何制作干香花篮

将百花香收集在一起，即干花、药草、香料和柑橘类水果的混合物。这不仅看起来赏心悦目，而且它还能令你的卧室充满沁人心脾的芳香。下面列举你能够用到的物品：

花朵

任何具有甜蜜芳香的花朵都可以拿来使用，但玫瑰的香气尤其沁人心脾。在你从花园中采摘任何花朵之前，要先征得花园主人的许可。或者你可以向当地的花匠索要一些他们不需要的丢弃的花朵和蓓蕾。将花头、花蕾或花瓣放置在一个温暖、通风的地方，留几天时间让它们自然晾干。

药草

带有木质茎的药草是最佳选择，它们具有浓烈的芳香，而且足够干燥，试试薰衣草或迷迭香吧。将几束药草悬挂在一个通风处约一星期的时间。

售卖健康食品的商店是你获取现成的干薰衣草的理想途径之一，或者你可能足够幸运，在你的花园里正种植着一些薰衣草。

香料

现成的干香料会增加你制作的百花香的香气，并且会让它看起来更加美丽诱人。你可以试试月桂枝、丁香和八角茴香，这些

都是最佳的香料种类。询问旁人厨房的碗橱中是否存放有陈旧的香料，它们可能不适宜食用，但它们仍然是制作百花香的好香料。

水 果

干水果片看起来色泽亮丽，而且具有清新的果香。你可以买来现成的干水果片或将柑橘类水果切成片，将烤箱调至低温，将水果片放置在烤箱中烘干几小时，就可以制成干水果片。将柠檬、莱姆酸橙和橙子搭配在一起看起来诱人极啦。

将你收集的所有百花香成分混合在一起。

花时间慢慢地将它们摆放在一只造型精致的碗中。任何碗都可以，但木质碗或玻璃碗更能凸显出百花香散发的大自然气息。接着，再将碗摆放在一张矮桌子上，开始享用这些美味吧。

添加的额外成分

自制百花香的另一个妙处就是你可以不停添加一些别的成分到混合物中去，以改变它的外观和香气。举个例子来说，你可以添加漂亮的松果、小海贝壳、微型圣诞装饰物或一些松散的树皮。

为什么不在你制作的百花香的自然香气开始挥发时，及时添加几滴香精油呢？

如何自己制作冰棒

自制冰棒其实十分简单，尤其是当你拿到一个塑料冰棒模具时就更容易啦。你需要做的就是将模具填满，并把它塞到冰箱里，静静地等待就可以啦。如果你手边没有专门制作冰棒的模具，使用干净的迷你酸奶罐吧。下面介绍了一些制作冰棒的配方。

香蕉和蜂蜜

将几根香蕉捣碎成糊状。将牛奶和一些美味的蜂蜜混合进去。

可口的柠檬

在一些普通柠檬上添加一些新鲜的柠檬汁。

流动的奶昔

只要将你最喜爱的一些奶昔饮料倾倒进模具中就可以啦。

清爽果香

只要将等量的水果酸奶和果汁混合在一起就行啦。

巧克力天堂

用可可粉和牛奶制作一些热巧克力。在将热巧克力倒进模具之前，先让它冷却吧。

GOOD

最佳建议：避免使用菠萝。任何添加菠萝的液体都不能冷冻起来。在你制作的混合冰棒完全冷冻之前，将它从冰箱里拿出来吧。在混合冰棒的中间位置添加一根干净的小棒子。这样，当你制作的混合冰棒完全冷却后，你就可以用手握住小棒子啦。

如何在不剥皮的情况下将香蕉切成薄片

让你的朋友大吃一惊吧。当她剥香蕉皮时，却发现香蕉已经被神奇地切成 4 片啦。她会简直不敢相信自己的眼睛！

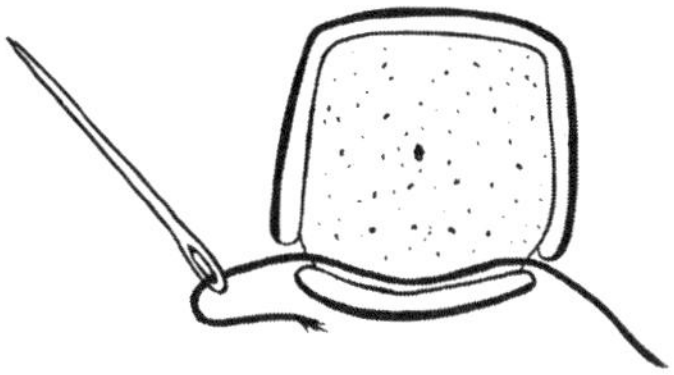

1 用棉布穿针引线。将针推挤到香蕉的香蕉皮里面，如左图所示，再沿着香蕉皮内部边缘地区扭动针线，直到针线从香蕉里面露出来。

2 将针从同一个针孔穿回去，继续扭动针线。重复这个动作，直到你在整个香蕉周围都缝上了针线，再将针从原来那个针孔拿出来。

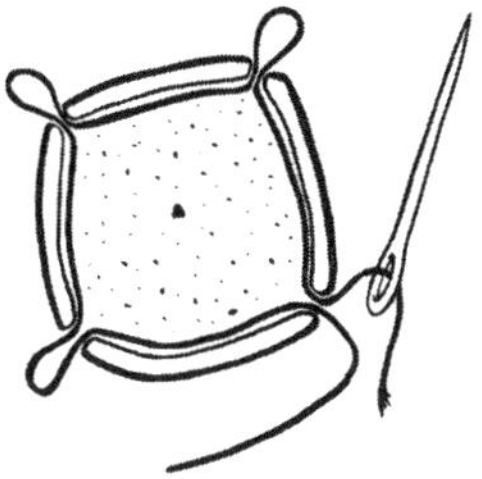

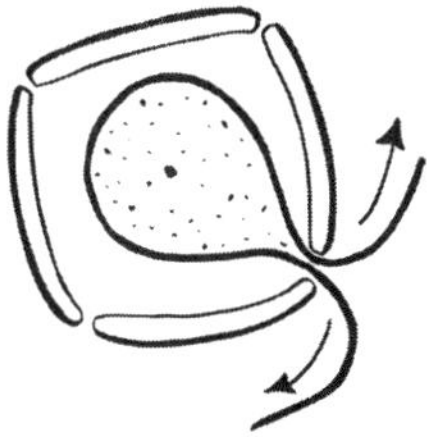

3 将线的两端握在一起，并用力拉伸，这会从香蕉皮内部切割香蕉。重复这个动作 3 次，每一次都要切到香蕉底部。将香蕉塞到你的午餐盒中，在午休时间，将它拿出来给你的朋友享用吧。

如何让雪橇滑行得更快一些

下面列出了一些安全并迅速滑行雪橇的重要提示。

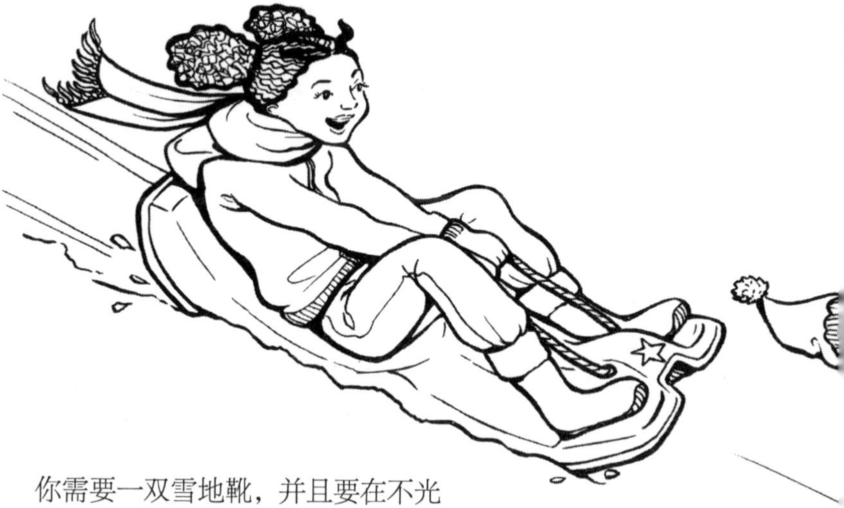

你需要一双雪地靴，并且要在不光滑的地面上行走，才不至于在冰寒地冻的天气中滑倒。但如果你滑雪橇的话，那情况就截然不同啦。你的雪橇底部越光滑，滑行起来就越顺畅。减少你的雪橇和积雪之间摩擦的最佳方法就是用烛蜡、植物油或家具光亮剂摩擦雪橇下面的部位。

只有在冰块结实堆压的地面区域，你才能获得最快的加速度。连续几次在同一路径上滑行也可以达到理想的速度和效果，或者遵循在你之前雪橇滑行者的路径也可以。

安全提示

- 首先要获得使用滑行雪橇的许可，而且要确保有一位成年人知道你滑行雪橇的地方。
- 只在安全区域滑行，避开公路、车道和悬崖上方的区域。
- 不要在黑暗中滑行雪橇。
- 不要将雪橇直接滑进一大堆积雪之中，除非你十分了解这个区域的地理状况，因为积雪可能会将树桩或带刺的铁丝网隐匿起来。
- 学会如何停下你的雪橇或通过拉拽你的双脚进行急剧的转弯。

GOOD

最佳建议。如果你的雪橇无法停下来或你失去了对雪橇的控制，将它脱下来扔到地面上吧。不要担心你的雪橇，当它停止滑行时，你就能取回它啦。

如何制作一个雪球盒

雪球盒的制作不仅十分简单，还可以将它作为美妙的礼物赠送他人。但当你完成雪球盒的制作时，很可能就想自己留着观赏啦。制作雪球盒的一个妙处就是你可以往盒子里面添加任何你喜爱的物品。

你需要用到以下物品：

- 1 只带有不透水的、有螺旋盖的果酱罐（将果酱罐浸泡在温和的肥皂水中，让罐子上的商标剥落）。
- 1 瓶甘油（这种糖化液可以在化学家那里和超市中的烹饪专区找到）。
- 水、1 把勺子、1 只水壶、一些（装饰用的）小发光物。
- 一些固体胶水、小型塑料玩具或装饰品（装在雪球盒中的物品由你自己决定，你可以使用任何可以淹没在水中的物品）。

你需要做的事情

下面介绍如何自己制作雪球盒的方法。

1 在果酱罐的盖子内部涂抹一些固体胶。将固体胶塑造成一座小山丘的形状，确保你在盖子边缘留下了空隙，这样稍后你才能将果酱罐的盖子拧紧。

2 现在到了布置雪球盒中雪景的时间啦。将一个塑料玩具粘贴在堆成小山丘的固体胶上方。要确保它稳固地站在那儿，哪怕将果酱罐倒置或摇晃，它都能维持原来的站姿。

3 在果酱罐中添加等量的水和甘油。在混合物中添加一勺（装饰用的）小发光物，这些小发光物就是你制作的雪球盒中的飘雪啦。甘油可以确保这些闪闪发光的“飘雪”在水中缓慢移动。

4 将你制作的“飘雪”混合物倾倒进果酱罐中。

5 将你的果酱罐放置在水槽上方，以防水花喷溅出来，旋转盖子，动作一定要小心，不要让塑料玩具从固体胶上掉下来。

6 将果酱罐倒置，并摇晃果酱罐，观察雪花在你布置的雪景中飞舞旋转吧。

GOOD

最佳建议： 如果你想将自己制作的雪球盒作为礼物赠送他人，给他们设置合适的场景吧——如果是情人节，就要添加一些爱心进去。如果是圣诞节，就要添加一些迷你装饰物。如果是复活节，就要添加一些小兔子。

如何将鸡蛋壳内的东西吹空

如果你想要将鸡蛋装饰一番，并将它们作为装饰物展示的话，首先你需要将鸡蛋壳内的东西吹空，否则它们会散发出气味。下面介绍如何做到这一点的方法。

1 动作轻柔地将鸡蛋清洗并晾干。

2 小心翼翼地用针在鸡蛋尖头的那一端刺穿一个小洞。

3 在鸡蛋较圆的一端刺穿一个大一些的洞口。将针从洞口插进去，确保针能够刺穿蛋黄。

4 将鸡蛋放置在碗口上方，将你的嘴对准小洞吹气，直到鸡蛋壳内所有的东西都流出来为止（注意不要吸出任何鸡蛋壳内的东西，也不要浪费它们，可用它们来制作煎蛋卷或炒鸡蛋）。

5 用冷水将鸡蛋壳冲洗干净，在给它染色之前，先让它完全晾干。你可以使用颜料、签字笔、蜡笔或食用色素来装饰你的鸡蛋。

6 在鸡蛋壳外面涂上一层透明清漆，这层清漆可以保护你的装饰，让鸡蛋更坚固，并让它永久维持美丽的外观。

如何玩“抛石子”游戏

“抛石子”是一项古老的游戏。许多世纪以来，像你一样的女孩子们都对这个游戏乐此不疲。你可以自己单独玩抛石子或者和朋友一争高下。你所需要的仅仅是五块塑料或金属小卵石（你可以在玩具店买到这些东西），或者你可以使用五块约一元硬币大小的石头。

你需要做的事情

“抛石子”的玩法层出不穷，下面介绍一种结合了不同技巧的方法。

首先，用一只手将五块石头抛到空中，然后用同一只手的手背接住尽可能多的石头。

接下来，将你用手背接住的所有石头抛到空中，再试着用

同一只手的掌心接住它们。如果你的手中没有接住任何石头，所有的石头到掉落在地上的话，那么你的游戏就结束啦。

如果你至少成功地接住了一块石头，你就可以继续玩这个游戏啦。将一块石头放在手中，将其他四块石头撒在地面上。

将你手中的那一块石头抛向空中，并快速地捡起地面上的一块石头。在抛到空中的石头落地之前，将它接住。按照这个方法，你需要捡起地面上的每一块石头。

重复这个动作，但这一次，你需要在接住抛到空中的石头之前，捡起地面上的两块石头。在抛到空中的石头落地之前，将它接住。在第二次将石头抛到空中时，捡起地面上剩余的两块石头。

重复这个动作，捡起地面上的三块石头，再捡起剩余的一块石头。接着，最后在接住抛到空中的石头之前，将地面上的所有四块石头都捡起来。

你的目标是在没有任何一块石头掉落的情况下，完成所有的动作。

当你能够驾轻就熟地做完所有的这些动作时，试着在捡起石头之前，添加一些诸如拍手或拍打膝盖的动作吧。

如何让自己惊叹不已

下面介绍两个“小把戏”，可以供你打发独处的时光，这会让你惊叹不已。一旦你掌握了玩耍这些小把戏的方法，在你的朋友们面前表演一番吧，他们会相信你拥有神奇的魔力。

让你的手臂飘浮在空中

保持站立的姿势，双臂垂直放在身体两侧。移动所在的位置，直到你靠墙站立为止，用你的右手臂外侧抵住墙壁。在你数到30这个数字时，用力推挤墙壁。现在，迅速从墙壁边走开，转过身来，背对墙壁。观察你的手臂神奇地飘浮在空中吧。

伸长手臂，缩短手臂

尽可能地将你的右手臂向身体一侧伸展。移动所在的位置，直到你右手的指尖触碰到墙壁。现在，弯曲你的右手臂，让你的手指触碰到你的肩膀。你的另一只手能够触碰到你的手肘。接着再将你的右手臂伸直。你会发现它神奇地“收缩”了，而你的指尖无法触碰到墙壁了。这真是太奇怪啦！

这并不是魔法

事实上，这两个小把戏中根本就没有任何魔法的成分。施展这两个小把戏的秘诀是你的骨头、关节和肌肉的运动。